计 算 机 科 学 丛 书

异构系统体系结构

原理、模型及应用

[美] 胡文美（Wen-mei W. Hwu） 编著

方娟 蔡旻 译

Heterogeneous System Architecture

A New Compute Platform Infrastructure

机械工业出版社
China Machine Press

图书在版编目（CIP）数据

异构系统体系结构：原理、模型及应用 /（美）胡文美（Wen-mei W. Hwu）编著；方娟，蔡旻译．—北京：机械工业出版社，2018.8
（计算机科学丛书）
书名原文：Heterogeneous System Architecture: A New Compute Platform Infrastructure

ISBN 978-7-111-60669-7

I. 异…　II. ① 胡…　② 方…　③ 蔡…　III. 计算机体系结构　IV. TP303

中国版本图书馆 CIP 数据核字（2018）第 185852 号

本书版权登记号：图字　01-2017-7345

ELSEVIER
Elsevier(Singapore) Pte Ltd.
3 Killiney Road, #08-01 Winsland House I, Singapore 239519
Tel: (65) 6349-0200; Fax: (65) 6733-1817

Heterogeneous System Architecture: A New Compute Platform Infrastructure
Wen-mei W. Hwu

ISBN-13: 978-0-12-800386-2

出版发行：机械工业出版社（北京市西城区百万庄大街 22 号　邮政编码：100037）

责任编辑：唐晓琳　　责任校对：李秋荣
印　刷：三河市宏图印务有限公司　　版　次：2018 年 9 月第 1 版第 1 次印刷
开　本：185mm × 260mm　1/16　　印　张：10
书　号：ISBN 978-7-111-60669-7　　定　价：59.00 元

凡购本书，如有缺页、倒页、脱页，由本社发行部调换
客服热线：(010) 88378991　88361066　　投稿热线：(010) 88379604
购书热线：(010) 68326294　88379649　68995259　　读者信箱：hzjsj@hzbook.com

文艺复兴以来，源远流长的科学精神和逐步形成的学术规范，使西方国家在自然科学的各个领域取得了垄断性的优势；也正是这样的优势，使美国在信息技术发展的六十多年间名家辈出、独领风骚。在商业化的进程中，美国的产业界与教育界越来越紧密地结合，计算机学科中的许多泰山北斗同时身处科研和教学的最前线，由此而产生的经典科学著作，不仅擘划了研究的范畴，还揭示了学术的源变，既遵循学术规范，又自有学者个性，其价值并不会因年月的流逝而减退。

近年，在全球信息化大潮的推动下，我国的计算机产业发展迅猛，对专业人才的需求日益迫切。这对计算机教育界和出版界都既是机遇，也是挑战；而专业教材的建设在教育战略上显得举足轻重。在我国信息技术发展时间较短的现状下，美国等发达国家在其计算机科学发展的几十年间积淀和发展的经典教材仍有许多值得借鉴之处。因此，引进一批国外优秀计算机教材将对我国计算机教育事业的发展起到积极的推动作用，也是与世界接轨、建设真正的世界一流大学的必由之路。

机械工业出版社华章公司较早意识到“出版要为教育服务”。自 1998 年开始，我们就将工作重点放在了遴选、移译国外优秀教材上。经过多年的不懈努力，我们与 Pearson，McGraw-Hill，Elsevier，MIT，John Wiley & Sons，Cengage 等世界著名出版公司建立了良好的合作关系，从他们现有的数百种教材中甄选出 Andrew S. Tanenbaum，Bjarne Stroustrup，Brian W. Kernighan，Dennis Ritchie，Jim Gray，Afred V. Aho，John E. Hopcroft，Jeffrey D. Ullman，Abraham Silberschatz，William Stallings，Donald E. Knuth，John L. Hennessy，Larry L. Peterson 等大师名家的一批经典作品，以“计算机科学丛书”为总称出版，供读者学习、研究及珍藏。大理石纹理的封面，也正体现了这套丛书的品位和格调。

“计算机科学丛书”的出版工作得到了国内外学者的鼎力相助，国内的专家不仅提供了中肯的选题指导，还不辞劳苦地担任了翻译和审校的工作；而原书的作者也相当关注其作品在中国的传播，有的还专门为其书的中译本作序。迄今，“计算机科学丛书”已经出版了近两百个品种，这些书籍在读者中树立了良好的口碑，并被许多高校采用为正式教材和参考书籍。其影印版“经典原版书库”作为姊妹篇也被越来越多实施双语教学的学校所采用。

权威的作者、经典的教材、一流的译者、严格的审校、精细的编辑，这些因素使我们的图书有了质量的保证。随着计算机科学与技术专业学科建设的不断完善和教材改革的逐渐深化，教育界对国外计算机教材的需求和应用都将步入一个新的阶段，我们的目标是尽善尽美，而反馈的意见正是我们达到这一终极目标的重要帮助。华章公司欢迎老师和读者对我们的工作提出建议或给予指正，我们的联系方法如下：

华章网站：www.hzbook.com
电子邮件：hzjsj@hzbook.com
联系电话：（010）88379604
联系地址：北京市西城区百万庄南街 1 号
邮政编码：100037

华章科技图书出版中心

译者序

随着 GPU 和 CPU 的广泛应用，人们已经认识到这两类处理器都具有独特的功能和优势。GPU 处理器不但具备 3D 图形渲染能力，而且可以实现基于大数据集的密集计算。CPU 处理器也兼具操作系统的运转和传统串行任务的执行两大特性。CPU+GPU 协同工作是实现高性能计算的必然趋势，计算机的发展也从传统的同构多核时代进入了异构多核时代。近年来，异构计算作为高端可编程芯片、低功耗软件定义芯片、嵌入式计算和高性能计算等领域的研究热点和主流计算机体系结构的发展方向，受到国内外广泛关注。异构体系结构也将改变未来的计算模式。

本书对于从事异构计算的科研工作者来说，无疑是首选的阅读书籍。本书的主要内容包括异构体系结构的概述、规范、指令集、运行、内存模型、排队模型及应用实例等，适合于研究生教学及研究者使用。本书集合了大量学术界和工业界的世界级专家的智慧，不仅汇集了异构体系结构领域的基本原理，而且通过实例阐述了 CPU+GPU 的协同工作模式，从而激发读者的学习兴趣和研究兴趣。

从本人多年前的多核计算技术研究，发展到现在的异构体系结构领域中高性能和低功耗技术的研究，本书中精辟的论述、大量的案例，给我的教学和科研工作带来了巨大的帮助。本书对正在从事这方面研究的中国学者来说，无疑是一个福音。

在本书的翻译中，我们力求忠实原作。在此特别感谢赵浩炎、宗欢、程妍瑾、常泽清、陈欢欢、汪梦萱等人在本书初稿翻译中协助完成了部分工作。限于译者水平，本书的翻译难免会存在纰漏，恳请广大读者批评指正。

方娟

2018 年 7 月于北京

推荐序

我们正迎来异构计算时代的曙光。几乎所有的应用程序都是功率受限的，未来所有的计算平台都可能包含异构性。巴塞罗那超级计算中心是异构超级计算的先驱之一。Mt. Blanc项目探索了使用高吞吐量GPU和低功耗CPU来解决与未来超级计算机设计相关的功耗挑战。在整个项目中，我们遇到了许多异构系统体系结构（HSA）设计要解决的问题。

本书解释了HSA如何解决这些问题。对于这样的问题，需要使用专门的接口来编程Mt. Blanc系统中的GPU。我很高兴HSA功能为主机和GPU开发了一个标准的C++编译器。而且，我预计未来还会有其他主流语言（如FORTRAN）在HSA系统上出现。这将允许程序员使用标准语言对异构计算系统中的所有计算设备进行编程，从而大大降低软件成本。另一个具有挑战性的问题是缺乏平台范围的同步支持来协调多个计算设备的协作活动。我很高兴地看到案例研究显示了一些经常使用的计算模式可以从CPU和GPU之间的协作执行中受益，而HSA平台的原子功能使得这种协作执行成为可能。

本书由创建HSA体系结构和软件栈的专家撰写。他们的著作为HSA的各个方面提供了历史背景和理论基础。这样的见解对于研究生、软件开发人员和系统实施者来说是非常有价值的。事实上，这本书的出版标志了异构计算的重要里程碑。

Mateo Valero
巴塞罗那超级计算中心主任
2015年9月

前 言

我很自豪地向你介绍异构系统体系结构——一个新的计算平台。异构系统体系结构（HSA）是多方面协作的结果，它定义了一个新的系统体系结构，为CPU和专用计算设备提供必要的支持，以便在要求苛刻的任务上进行高效协作。本书汇集了那些创建HSA及其相关软件栈的专家撰写的一系列著作。这些著作解释了规范和产品背后的基本原理和设计权衡，这是仅仅通过阅读手册和文件不能轻易获得的。这些作者中的一些来自工业界，另一些来自学术界。我有幸有机会与这些世界级的专家合作。

有许多人做出了未以章节形式展现的重要贡献。我想要感谢的第一个人是Manju Hegde（AMD），他说服我担任本书的主编，在整个过程中他始终是重要的合作伙伴。Manju提供了本书的原始构思，并帮助招募了许多作者和审稿人。他还亲自审查了各章，并提供了宝贵的意见。

本书的内容源自于2013年HotChips和2014年ACM / IEEE国际计算机体系结构研讨会（ISCA）上的会议资料。大多数演讲者成为本书各章的作者。然而，最初介绍HSA排队模型的Chien-Ping Lu（联发科）、Hakan Persson（ARM）和Ian Bratt（ARM）由于时间关系不能参与写作。我还要感谢J. P. Bordes（AMD），他对HSA应用程序部分做出了重大贡献。

我还要特别感谢五位特别的人。HSA首席布道者Greg Stoner（AMD）为HSA基金会创作本书提供了宝贵的支持。Anton Lokhmotov（ARM）和我一起确立了本书的原始大纲。Tom Jablin（MulticoreWare）是HSA方面的专家，他在编辑过程中为我提供了宝贵的技术支持。Marty Johnson（AMD）和Sui Chi Chan（AMD）审读了全书，并为我和其他作者提供了宝贵的反馈意见。

最后，我要感谢担任本书项目经理的Bob Whitecotton（AMD），他确保我和其他作者的写作不离题。他的项目管理技巧使我避免了许多陷阱。没有他的帮助，我将无法完成这个项目。

Wen-Mei W. Hwu 是伊利诺伊大学厄巴纳 – 香槟分校电气与计算机工程系的 Sanders-AMD 讲席教授。他的研究兴趣是并行计算的体系结构、实现、编译和算法领域。他是并行计算研究中心的首席科学家，IMPACT 研究小组的负责人。他是 MulticoreWare 公司的联合创始人兼 CTO。在研究和教学方面，他获得了 ACM SigArch Maurice Wilkes 奖、ACM Grace Murray Hopper 奖、Tau Beta Pi Daniel C. Drucker 杰出学者奖、ISCA 影响力论文奖、IEEE 计算机协会 B.R. Rau 奖以及加州大学伯克利分校计算机科学杰出校友奖。他是 IEEE 和 ACM 的会士。他主持 UIUC CUDA 卓越中心的工作，并且是 NSF Blue Waters Petascale 计算机项目的主要研究人员之一。Hwu 博士在加州大学伯克利分校获得计算机科学博士学位。

在撰写本文的时候，Phil Rogers 是 AMD 公司的合伙人，他是异构系统体系结构的首席架构师，也是 HSA 基金会的总裁。Phil 正在将自己的专长引入高效 GPU 的设计，以便在异构处理器上运行现代应用程序时大幅降低功耗。在 1994 年加入 ATI Technologies 后，Phil 在 DirectX 和 OpenGL 软件的开发中担任越来越重要的职位。自从 2000 年 Radeon 系列推出以来，Phil 一直致力于开发所有的 ATI Radeon GPU。Phil 于 2006 年加入 ATI，任职期间在异构计算、APU 体系结构和编程模型方面发挥了主导作用。Phil 在 Marconi 雷达系统公司开始了职业生涯，在那里他为先进的雷达系统设计数字信号处理器。Phil 在英国伯明翰大学获得电子和电气工程学士学位。

Ben Sander 是 AMD 的高级研究员，是《HSAIL 程序员参考手册（0.95 版）》的编辑。Ben 于 1995 年加入 AMD，曾在 CPU 和 GPU 开发团队担任各种技术和管理职务。之前他领导了 AMD 的 CPU 性能团队，并深入参与了 AMD Opteron 处理器的 CPU 和北桥体系结构的开发。2009 年，Ben 转而成为 GPU 软件的个人贡献者，优化了 OpenCL 的性能和工作负载。Ben 由于在 CPU 和 GPU 性能体系结构方面的强大背景而担任了 AMD 异构系统体系结构计划的首席软件架构师。Ben 的研究兴趣包括编译器、编程模型（包括 Bolt C++ 模板库）、性能和计算机体系结构。Ben 在伊利诺伊大学厄巴纳 – 香槟分校获得理学硕士学位和理学学士学位。

Tony Tye 是 AMD 的研究员，是《HSAIL 程序员参考手册（0.99、1.0 和 1.1 版）》的编辑。Tony 于 2007 年加入 AMD，致力于动态二进制优化，自 2012 年起一直致力于 AMD 的异构系统体系结构计划。Tony 的研究兴趣包括编译器、运行时、调试器、内存模型、编程语言和计算机体系结构。Tony 在英国曼彻斯特理工大学获得博士学位。

Yeh-Ching Chung 于 1983 年获得中国台湾中原大学信息工程学士学位，分别于 1988 年和 1992 年在美国雪城大学获得计算机和信息科学硕士学位和博士学位。他于 1992 年加入中国台湾逢甲大学信息工程系任副教授，并于 1999 年成为正教授，1998 年至 2001 年任该系主任。2002 年加入中国台湾“清华大学”计算机系任教授。他的研究兴趣包括并行和分布式处理、云计算和嵌入式系统。他是 IEEE 计算机协会的高级会员。

Benedict Gaster 是西英格兰大学的研究人员，负责高度并行系统的编程模型和系统体系结构。他是 OpenCL 编程模型的开发人员之一，并共同撰写了两本有关该主题的书籍。他还为 HSA 的设计做出了贡献，是内存模型部分的主要作者之一。Benedict 在诺丁汉大学获得语言设计和类型理论博士学位。

Lee Howes 是美国高通公司 GPU 体系结构组织的高级工程师。多年来他在 AMD 和高通公司一直致力于异构计算，最近专注于改善异构内存一致性模型的最新技术。Lee 目前担任 OpenCL 和 SYCL 标准的编辑。他在伦敦帝国理工学院完成了软件性能优化的博士研究工作，对性能可移植型异构计算的中间表示做了深入研究。

Derek R. Hower 是美国高通公司的架构师，负责下一代 SOC（片上系统）。Derek 此前曾在 AMD 工作，开发了异构无竞争内存模型的基础框架。从此，他一直积极地将这个框架整合到 HSA 内存模型中。Derek 在威斯康星大学麦迪逊分校获得计算机科学博士学位。

Wen-Heng（Jack）Chung 是 MulticoreWare 公司的解决方案架构师。他是 Kalmar 的首席开发人员，这是用于异构设备的开源 C++ 编译器。他在 Aplix International 公司开始了职业生涯，在那里他为手机和嵌入式系统优化了 Java 虚拟机，并研制了蓝牙物联网设备。他的研究兴趣包括编译器、嵌入式系统和工业自动化。Wen-Heng 在中国台湾交通大学获得计算机科学硕士学位。

I-Jui（Ray）Sung 是 MulticoreWare 公司的解决方案架构师。他是 MulticoreWare C++ AMP 编译器、MulticoreWare MxPA OpenCL 栈和 LibreOffice Calc 4.2 GPU 加速器的架构师和主要开发人员。他的研究兴趣包括编译器、领域特定语言、编程模型和 GPGPU。I-Jui 在伊利诺伊大学计算机工程系获得博士学位。

Yi-Hong Lyu 是 MulticoreWare 公司的软件工程师。他是 HSA 新建 / 删除操作符的主要开发人员，同时也是 Kalmar（HSA 的 C++ 编译器）的维护人员。他不仅是 LLVM / Clang 的用户，也是贡献者。Yi-Hong 在中国台湾大学信息管理系获得学士学位。

Yun-Wei Lee 是 MulticoreWare 公司的实习软件开发人员。他是 Kalmar 的先驱开发人员之一，Kalmar 是一款面向开源异构设备的 C++ 编译器。除了对编译器、计算机安全和编程语言的兴趣之外，Yun-Wei 还担任了中国台湾交通大学的登山俱乐部负责人。他在中国台湾交通大学获得计算机科学学士学位。

Juan-Gómez-Luna 于 2001 年获得西班牙塞维利亚大学电信工程学士学位和硕士学位，于 2012 年获得西班牙科尔多瓦大学计算机科学博士学位。自 2005 年以来，他一直担任科尔多瓦大学的讲师。他的研究兴趣集中在应用程序（如图像和视频处理）以及 GPU 和异构系统的并行化和优化上。

Antonio-J. Lázaro-Muñoz 分别于 2010 年和 2011 年获得西班牙科尔多瓦大学计算机科学学士学位和硕士学位。他目前是西班牙马拉加大学计算机系的博士研究生。他的研究课题是 GPU 计算以及异构和离散系统上的任务调度。

José María González-Linares 分别于 1995 年和 2000 年获得西班牙马拉加大学电信工程学士学位和博士学位。自 2002 年以来，他一直是马拉加大学的副教授。他在国际杂志和会议上发表了 30 多篇论文。他的研究兴趣是并行计算、视频和图像处理。

Nicolás Guil 于 1986 年获得西班牙塞维利亚大学物理学学士学位，并于 1995 年获得西班牙马拉加大学计算机科学博士学位。目前，他是马拉加大学计算机体系结构系的教授。他在国际期刊和会议上发表了 60 多篇论文。他的研究兴趣是并行计算、视频和图像处理。

Shih-Hao Hung 现任中国台湾大学计算机科学与信息工程系副教授。他的研究兴趣包括并行处理、异构计算、软硬件协同设计、性能工具和虚拟原型。Shih-Hao 与 IBM、AMD、NVIDIA、Oracle 和联发科等顶级公司合作，利用异构多核体系结构、GPGPU 和 FPGA 在最新的物联网、云和大数据系统上优化应用性能。他曾在美国加利福尼亚的 Sun Microsystem 公司从事有关高性能服务器系统的工作（2000 ~ 2005 年）。他分别于 1998 年和 1994 年获得美国密歇根大学安娜堡分校博士学位和硕士学位。他于 1989 年毕业于中国台湾大学，并获得电机工程学士学位。

Wei-Chung Hsu 现任中国台湾大学计算机科学与信息工程系教授。他的研究兴趣在于优化编译器、二进制翻译、虚拟机和高性能计算机体系结构。他曾是 Cray Research 的计算机架构师、惠普公司的技术负责人，也是美国明尼苏达大学双城分校的教授。他与 NTHU 的 Chung 教授一起开发了一个名为 HSAemu 的 HSA 模拟器。Hsu 博士在美国威斯康星大学麦迪逊分校获得计算机科学博士学位。

Thomas B. Jablin 是 MulticoreWare 公司的解决方案架构师，他设计解决方案来解决编译器、并行化和 GPU 的交叉所带来的挑战。他于 2006 年获得阿默斯特学院计算机科学学士学位，并分别于 2008 年和 2013 年获得普林斯顿大学计算机科学硕士学位和博士学位，其相关工作为全自动编译器驱动的 GPU 并行化。他曾与他人合作撰写了从编译策略到利用 GPU 自动并行化等领域的论文。他的研究兴趣包括编译器的自动并行化、GPU 目标的自动编译以及动态优化剖析。

David Kaeli 分别获得罗格斯大学的电气工程学士学位和博士学位，以及雪城大学的计算机工程硕士学位。他是位于马萨诸塞州波士顿的美国东北大学 ECE 学部的 COE 杰出教授。他是美国东北大学计算机体系结构研究实验室（NUCAR）的主任。在 1993 年加入美国东北大学之前，他在 IBM 工作了 12 年，最近 7 年在位于纽约州约克镇高地的沃森研究中心工作。他发表了 250 多篇经过同行评议的出版物、7 本书和 13 个专利。他的研究涉及多个领域，包括微体系结构、后端编译器和数据库系统。他目前的研究课题包括信息保护、图形处理器、虚拟化、异构计算和多层可靠性。他是《ACM Transactions on Architecture and Code Optimization》《IEEE Transactions on Parallel and Distributed Systems》以及《Journal of Parallel and Distributed Computing》的副主编。他是 IEEE 会士和 ACM 杰出科学家。

Yifan Sun 是美国东北大学计算机工程博士研究生。他是美国东北大学计算机体系结构研究（NUCAR）小组的成员，在 David Kaeli 的指导下工作。他于 2013 年获得布法罗大学电气工程硕士学位，并于 2011 年获得华中科技大学电气工程学士学位。他的研究兴趣包括异构计算、性能建模和处理器模拟。

Rafael Ubal 于 2010 年获得西班牙瓦伦西亚理工大学计算机工程博士学位。他目前在美国东北大学电气与计算机工程系担任教学教授。他是美国东北大学计算机体系结构研究（NUCAR）小组的成员。他的研究课题包括多核 CPU 和 GPU 体系结构、异构计算和处理器模拟。

目　录

Heterogeneous System Architecture: A New Compute Platform Infrastructure

引　　言

W.-M. W. Hwu
伊利诺伊大学厄巴纳－香槟分校，美国伊利诺伊州厄巴纳

我们正在经历一场颠覆性的计算革命。经过几十年的演变，中央处理器（CPU）的每瓦（W）运算速度达到了稳定水平。与此同时，许多创新的应用要求在给定的功耗预算下达到更高的速度。大多数这些要求苛刻的应用程序能够处理大量的数据并呈现高水平的并行性。因此，从移动设备到超级计算机的所有计算系统正迅速变得异构化。这些系统采用非传统的计算设备，如图形处理单元（GPU）和数字信号处理器（DSP），通过利用大规模并行性的特征，以低功耗实现高计算吞吐量。通过在延迟敏感的应用上使用 CPU，同时在高度并行的吞吐量友好部件上使用 GPU，异构计算系统可以获得比传统系统更高的应用性能和能源效率。

受益于异构计算的应用领域示例之一是视频处理。目前，处理高清电视视频是一个高要求、高度平行的过程，也是三维成像和可视化的过程。诸如视图合成和低分辨率视频的高分辨率显示等新功能需要电视计算平台具备更高的计算能力。这些功能越来越多地使用 GPU 甚至特殊的硬件加速器来实现。在消费者层面，我们已经见证了视频和图像处理应用程序数量的飞速增长，这些应用程序改善了照片和视频的焦点、照明和其他关键方面。这些应用程序中的大部分繁重工作都是由移动电话和云服务中的 GPU 完成的。

另一示例是在消费电子游戏领域。过去，我们在一场比赛中驾驶赛车遵循预先安排的一系列场景，如果撞上了障碍物，车况或驾驶过程不会改变，只有游戏分数发生了改变。车轮没有弯曲或损坏，不管是否撞到了车轮，驾驶都不难。随着计算速度的提高，游戏现在可以基于动态仿真而不是预先安排的场景。我们可以期望在未来看到更多这些现实的效果：事故会损害车轮，你的在线驾驶体验将更加现实。物理效应的真实建模和仿真需要大量的计算能力，并且从异构计算中受益匪浅。

许多受益于异构计算的应用程序都涉及以不同的方式、不同的级别模拟一个物理的、并发的世界，并处理大量的数据。有了这么多的数据，大部分的计算都可以并行地在数据的不同部分完成，尽管这些部分在某些时候需要进行协调。在大多数情况下，数据传输的有效管理可能会对并行应用程序的可实现速度产生重大影响。

虽然在计算金融、油气勘探、分子动力学、计算流体动力学、医学成像和计算机摄影等领域的许多应用已经成功地迁移到了异构计算领域，但其他领域的成功经验并不多。失败通常是由于在非 CPU 计算设备上启动任务所涉及的高开销，以及从设备中移动数据所造成的。这些开销是由于现代计算系统中的非传统计算设备被设计为 I/O 设备。这些计算设备的软件驱动程序已经完成了大量的任务启动和数据移动工作。这种主要基于软件的实现会带来巨大的开销。因此，应用程序开发人员必须确保通过加快设备上的大量计算来克服每个任务启动

和数据移动活动的成本。否则，开销可能会超过收益。

更微妙的问题是I/O设备模型已经在异构计算系统的通用编程接口中开放访问。在OpenCL和CUDA中，任务启动和数据移动通过API调用来访问，就像文件和网络I/O设备一样。这种需要明确定义内核的编程风格会破坏现代应用程序的软件体系结构。因此，GPU代码往往不在应用程序的主要路径中，从而导致维护问题。利用C++等主流语言编程将成为异构计算的重要一步。

异构系统体系结构（Heterogeneous System Architecture，HSA）是一种新的硬件平台和相关的软件栈，允许不同类型的处理器通过共享内存高效协同工作。它的主要实现工具是近十年来流行的现代片上系统（SOC）和加速处理单元（APU）。除CPU核外，这些SOC和APU还具有许多专用处理单元，如GPU、DSP、编解码器、DMA引擎和加密引擎。HSA能够在执行要求苛刻的应用程序时，在这些不同的处理单元类型之间实现无缝协作。它为由多个主要供应商提供的各种处理器组成的复杂异构计算系统提供一致的统一应用程序编程接口。

2

本书的主要思想是让创建HSA体系结构和软件栈的专家为读者提供HSA各个方面的历史背景和基本原理，这些内容很难通过阅读规范和软件文档获得。本书针对软件开发人员、大学研究人员和学生撰写。本书的目标是让读者了解改进其应用所需的知识，并帮助推进未来异构计算系统的设计和实现。

本书详细说明了规范中最相关的部分，以便读者了解如何构建HSA，以便于访问和低功耗的方式提供性能。书中还解释了在各种硬件上动态编译和执行应用程序的软件栈创新。最后是案例研究，以评测应用程序如何从到HSA体系结构的映射中受益。本书的章节安排如下。

在第2章中，HSA基金会主席兼AMD会士Phil Rogers介绍了HSA的历史背景、主要目标和重要特征。Rogers是GPU计算的先驱，也是异构计算运动的领导者。他给出了HSA创建的历史背景及其主要目标。更重要的是，他阐述了HSA的四大支柱（内存模型、排队模型、虚拟ISA和上下文切换）如何支持其目标。该章并没有关注这些功能的细节，而是着重说明为什么这些功能在HSA中以及它们如何对目标做出贡献。

在第3章中，AMD的Ben Sander和Tony Tye提出了HSA中间语言（HSAIL）的基本原理。他们是领导和创建HSAIL及其相关软件基础设施的人员。HSAIL定义了虚拟HSA ISA，并作为HSA系统软件分发的主要工具。HSAIL旨在表达应用程序的并行区域。其二进制形式称为BRIG，可以嵌入传统的二进制对象文件中。为了使可移植性最大化，HSA要求供应商提供一个名为终止器的轻量级代码生成器，以将HSAIL转换为供应商ISA。像传统的物理ISA（如x86）一样，HSAIL是一种稳定的格式，可以兼容未来的硬件产品。也就是说，HSAIL二进制文件将在未来的硬件上正确运行。该章介绍HSAIL中最重要的关键概念：并行执行模型、表达性、机器模型和配置文件、编译流程和有用的工具。

在第4章中，中国台湾“清华大学”的Yeh-Ching Chung强调了HSA运行时最重要的方面。Chung教授领导开发了第一个HSA运行时版本。HSA运行时的核心（必需）功能是管理HSA系统中的计算设备（称为HSA代理），在可用的HSA代理上启动计算内核，分配/处理HSA内存，向用户进程报告内核执行，并支持HSA代理之间的通信。该章讨论如何将这些主要功能作为核心HSA运行时API实现，以及它们是如何相互关联的。该章还解释了两种类型的HSA运行时扩展API的概念。HSA认可的扩展是可选的，但是有一个由HSA

基金会认可的标准化规范。大多数供应商可能会支持这些 HSA 认可的扩展 API。供应商特定的扩展可能会由少数供应商支持，而不是标准化的。我们将了解这些不同类型的 API 以及它们将如何有助于开发人员充分利用 HSA 运行时的当前实现和未来演变。 3

在第 5 章中，美国高通公司的 Lee Howes、Derek Hower 和西英格兰大学的 Ben Gaster 展示了 HSA 内存一致性模型的主要思想。他们是领导 HSA 内存模型规范的专家。该章首先介绍主要的 HSA 内存分段类型，然后解释如何使用所有权的概念来提高特定设备在一个时间窗口内需要访问的内存位置的性能和能源效率。最后，该章解释了 HSA 内存一致性模型的两个视图。当执行的程序没有任何数据竞争时，顺序一致性视图就会保留，这些数据竞争被定义为非并行数据访问冲突。这种视图下的程序行为更容易理解，但不包括一些重要的硬件和软件优化。应用程序开发人员可以限制原子操作的范围，以提高性能并降低功耗。原子操作的范围是 HSA 内存模型中一个强大的旋钮，如果应用程序开发人员不完全理解其背后的概念，那么使用该模式可能会非常棘手。作者在结束该章时解释了松弛的原子操作，以及如何使用它们来实现更好的性能和降低功耗。

在第 6 章中，Ben Gaster、Lee Howes 和 Derek Hower 展示了 HSA 排队模型的主要创新。一个重要的创新是 HSA 队列位于用户空间，可以在不涉及操作系统的情况下进行操作。保持用户空间中的 HSA 队列，减少了 CUDA 和 OpenCL 系统中传统队列机制的显著内核开销。作者首先强调了在用户空间中操纵 HSA 队列的 API 函数。然后，他们描述了 HSA 体系结构排队语言，该语言定义了应用程序可以通过这些队列向 HSA 代理提交的命令包的类型。作者在结束该章时详细解释了包在提交、调度和执行过程中的状态。

在第 7 章中，MulticoreWare 公司的 Wen-Heng（Jack）Chung、Yi-Hong Lyu、I-Jui（Ray）Sung、Yun-Wei Lee 和 Wen-Mei Hwu 介绍了一个以 HSAIL 为目标的 C++ 编译器。MulticoreWare 团队为 HSA 构建了第一个 C++ 编译路径。作者解释了将 C++ AMP parallel_for_all 构造体下降为 HSA 内核和 HSAIL 队列命令的过程、详细映射以及编译器实现流程。他们进一步解释了 MulticoreWare 编译器如何将 C++ 数据映射到 HSA 内存分段类型。作者在该章中介绍了更高级的编译器支持，包括平铺算法、平台原子和内存管理。该章旨在为其他高级语言的编译器编写者提供将他们的语言移植到 HSA 所需的洞察。

在第 8 章中，Juan Gómez-Luna、I-Jui（Ray）Sung、Antonio J.Lázaro、Wen-Heng（Jack）Chung、José María González-Linares 和 Nicolás Guil 展示了三个应用案例，使用真正的 HSA 系统的 HSA 平台原子。第一个案例研究是针对视频序列中的帧的直方图计算，其中由 CPU 动态识别由 GPU 处理的任务。消费者和生产者的同步是通过 HSA 平台的原子操作完成的。 4 作者表明，HSA 平台原子操作所实现的动态队列方法比静态任务分配方案具有更好的负载平衡，并且比传统的动态任务分配方案具有更低的内核启动开销。第二个案例研究是一个图形广度优先搜索应用程序，它根据工作负载特征（如队列中的任务数量）动态地在 GPU 和 CPU 之间切换任务。切换允许应用程序在执行的每个阶段动态地使用 CPU 或 GPU。第三个案例研究是一个矩阵转置应用程序，CPU 和 GPU 通过平台原子和相关的虚拟内存紧密协作。与仅使用其中的一个相比，这减少了执行时间。

第 9 章介绍了 HSA 的创建者的三个模拟工具。David Kaeli、Yafan Sun 和 Rafael Uba 描述了 HSAIL 指令模拟器 Multi2Sim-HSA，它提供了 HSAIL 级别的跟踪和调试支持。Shih-Hao Hung 描述了 HSAemu——一个全系统模拟器，可以模拟 HSA 队列、HSA 共享虚拟内存和 HSA 代理等 HSA 系统组件。它旨在运行任意 HSA 应用程序。系统设计人员可以使用该模拟器来研究运行应用程序时设计的行为。Thomas Jablin 描述了 softHSA——一种高性能、可调试的 HSAIL 仿真器，它允许编译器编写者和应用程序开发者调试完整的应用程序。这个工具提供比真实硬件更好的调试支持。这些模拟工具具有互补的功能。大多数读者会发现至少有一个是十分有效的。

本书遵循一个合乎逻辑的流程。每章会介绍后续章节中使用的概念。例如，HSAIL、HSA 运行时间、内存模型和排队模型等，各章都提供了编译技术的背景知识。因此读者按照章节顺序阅读是有益的。

本书内容是自成体系的。它可作为计算机体系结构课程的教科书，使研究生能够通过本书学习 HSA 的主要概念。编译器编写者可以学习如何以本书为目标或参考规范来实现 HSA。系统设计人员会发现本书很好地介绍了这些规范。读者阅读任何章节时都无须了解 HSA 的规范。不过，请记住，作者故意把重点放在关键概念而不是全部细节上。如果读者有兴趣实现未来的 HSA 系统或将软件移植到 HSA 系统，鼓励有兴趣的读者阅读相关章节后阅读规范。

5~6

HSA 概述

P. Rogers
美国得克萨斯州奥斯汀市

异构系统体系结构（HSA）是一个新的硬件平台和相关的软件栈，它允许不同类型的处理器在共享内存中高效协同工作。这是一个适用于智能手机、平板电脑、个人电脑、工作站甚至超级计算机中的 HPC 节点的体系结构。HSA 在过去的三十年中，已经成为将 CPU 内核和 CPU 套接字绑定在一起的共享内存系统体系结构。HSA 从同构多处理器系统中吸取了许多经验教训，并将其应用于当今异构片上系统（SOC）和加速处理单元（APU），这些在过去的十年中逐渐流行起来。除 CPU 核外，这些 SOC 和 APU 还具有许多专用处理单元，如 GPU、DSP、编解码器、DMA 引擎和加密引擎。在 HSA 之前，还没有尝试用于不同处理单元类型之间的无缝操作这样的体系结构集成。

HSA 最初专注于将 GPU 有效地用作 CPU 的并行协处理器。开发 HSA 时，我们意识到在 GPU 上高效运行所需的体系结构特征也适用于许多不同类型的专用处理单元，其中许多已经存在于 SOC 中。尽管如此，通过构建 GPU 以进行计算所需的步骤来指导 HSA 的发展是有益的。

GPU 最初是作为 I/O 设备连接到 CPU 的。当时，它们在单独的硅片上，纯粹用于图形。这种 I/O 传统在将其用作通用计算的协处理器（最初称为“GPGPU 计算”）时带来了多重挑战。在早期的 SOC 设计中将 GPU 引入芯片时，问题就已经存在。HSA 基金会成立于 2012 年，当时 SOC 内部的 GPU 核心仍然很难编程。HSA 基金会的成立是为了解决这个问题，为 SOC 上所有类型的处理单元的体系结构整合铺平道路。

2.1 GPU 计算简史：HSA 解决的问题

GPU 计算始于 21 世纪初，当时 GPU 仍然是通过 PCI 总线连接到 CPU 的外设卡（通常在 PC 上），如图 2.1 所示。

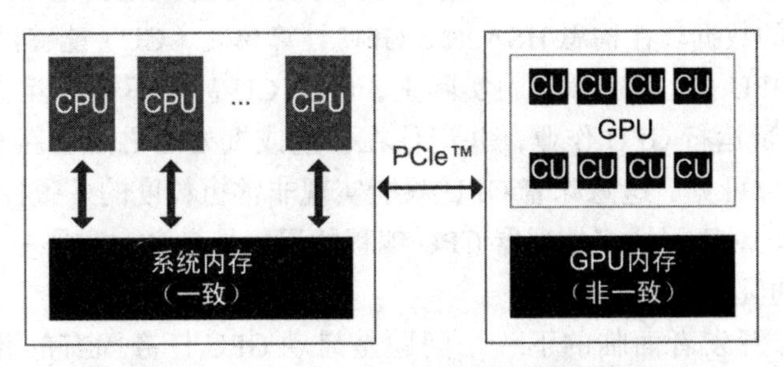

图 2.1　在独立 GPU 卡上的传统 GPU 计算

在具有独立GPU的遗留系统中，CPU内核在系统内存中运行，这是操作系统和应用程序驻留的地方。GPU内核通常有自己的GPU内存池，必须使用它来获得完整的性能。这些单独的内存池为程序员带来了很多麻烦，因为数据必须在内存池之间移动，这取决于接下来哪一个处理器将操作数据。系统内存通常很大，但是不提供很高的带宽。GPU内存通常要小得多，但带宽要高得多。CPU能够对系统内存进行一致且高带宽的操作。但是，它只能对GPU内存进行低带宽的非一致访问。相反，GPU通常能以高带宽对GPU内存进行非一致访问，而系统内存带宽低得多。在多处理环境中具有多个内存池的系统通常称为NUMA（非均匀内存访问）。在多CPU系统（对称多处理或SMP）中，每个插槽通常都有相同的内存池。这样的SMP系统被称为NUMA，与访问插槽A上的内存相比，插槽A中的CPU内核访问在插槽B上的内存延迟时间更长。在这种NUMA SMP系统中不均匀的程度相对较低。相比之下，传统的GPU计算系统具有我们所说的严重的NUMA特性。

除了多个内存池的问题之外，传统GPU使用与CPU完全不同的虚拟地址空间，用于相同的应用程序或同一进程内的访问。这意味着当系统内存中的一块数据位于CPU的地址A时，同一内存由GPU以完全不同的地址B访问。这意味着一个地址不能在CPU和GPU之间传递，也不能在任何地方立即解除引用。相反，软件必须介入并执行地址转换。更糟糕的是，早期的GPU完全根据内存缓冲区内的偏移量工作，而不是使用完整的地址或指针。CPU通常使用包含嵌入指针的数据结构。当GPU计算第一次启动时，所有这样的嵌入式指针必须改为偏移量，并且在从CPU发送到GPU之前，数据结构必须被完全“扁平化”。

下一个要解决的问题是内存分页。最近的一些系统允许GPU访问系统内存，但有一些限制。CPU可以在所有的系统内存中随意操作，如果操作系统已经从系统内存中删除一个页面，CPU会在继续之前通知操作系统检索该页面。相比之下，GPU只能在先前由操作系统“页面锁定”或“钉住”的系统内存页面中操作。这意味着更早的应用程序必须进行操作系统调用来锁定这样的内存页面，以防止操作系统将其分页。操作系统通常有一个策略，不允许超过一半的系统内存页以这种方式固定，以保持系统响应。这限制了GPU可以使用的系统内存的数量，并依赖于程序员提前标识出GPU后面可能访问的所有页面并将其锁定。

8

GPU的最终内存问题是一致性。遗留系统缺乏多线程通过硬件可见性规则在内存中共享数据而不是依靠软件在可视边界上刷新缓存的能力。多核CPU中或跨SMP套接字的CPU内核彼此缓存一致。这意味着如果数据已经被一个CPU写入地址A，并且数据在其缓存中，而没有写到内存，然后另一个CPU核心从地址A读取，系统硬件需确保读取到最新的数据。通常，这是由一个CPU在从内存中获取数据之前探测其他CPU内核的高速缓存来检查是否有更新的数据。在构思HSA时，GPU计算单元（CU）能够探测CPU高速缓存，但CPU不能探测GPU CU高速缓存。实际上，GPU CU甚至不能够互相探测对方的缓存。相反，软件负责批量运行GPU作业，并记住在作业或批处理之间刷新GPU缓存，以使结果对系统的其余部分可见。这意味着GPU只能实现非常粗粒度的一致性，这限制了它们可以运行的工作类型。对于习惯多处理器CPU编程的程序员来说，这是一个非常困难的范式，他们之前从来不必担心缓存的正确性。

早期GPU计算开发者面临的下一个问题是启动GPU任务固有的开销。通常情况下，GPU处理的任何数据都来自CPU。所有数据输入缓冲区都必须从CPU系统内存复制到GPU内存。接下来，在GPU上执行任务的命令必须被组合并转换成GPU可以获取和解码的内存中的形式。这是通过 OpenCL 或 CUDA 中的排队 API 函数来实现的，该函数将通用命令包转换为最终硬件，从而将其专用于 GPU 供应商。然后，使用操作系统调用将命令包放入一个单独的队列中，以供所有应用程序进程共享的硬件使用。最后，硬件执行作业并产生一个 CPU 中断。随后，所有生成的结果将从 GPU 内存复制到 CPU 内存，以使其可供 CPU 上运行的其他应用程序使用。通常，这个开销非常高。这意味着，即使 GPU 在并行处理上快得多（例如，快 10 倍），但只有当要完成的计算量非常大时，卸载到 GPU 才是净赢。这种开销限制了可以卸载的工作类型。

9

由于传统的 GPU 计算系统非常专业化，因此不能直接使用 C++、Python、Java 或应用程序开发人员使用的其他流行编程语言进行编程。相反，必须使用像 Brook+、CUDA 和 OpenCL 等新的语言和编程模型。这些编程模型通常包含两个元素：一个带有 API 的运行时库和一个基于 C 语言非常有限的子集的 GPU“内核语言”。大多数程序员只关心用他们认为最合适的语言编写特定应用程序的代码，并且很难在同一个项目中用第二种语言编写模块。这进一步限制了 GPU 计算的使用，只有那些愿意学习并采纳一种新的语言（尤其是那些缺乏诸如指针、模板、递归、内存分配和异常等方便功能的语言）的人员才愿意使用 GPU 计算。

需要 GPU 计算专用语言所带来的一个微妙而重要的影响是导致了对“双源编程”的要求，这是一个非常重要的问题。有可能通过 GPU 计算加速的大多数应用程序也必须能够在不包含合适的 GPU 的系统上运行。这意味着可以卸载到 GPU 的所有模块都必须进行两次编码——一次以应用程序的主要语言编写，以便在 CPU 上运行（例如，C++），然后再次在 GPU 内核语言中以投机的方式进行卸载（例如，OpenCL）。源代码的这两个副本通常驻留在不同的源文件中，但必须保证其包含相同的功能，并始终为相同的输入数据产生相同的结果。这意味着如果在某个例程中发现了一个 bug 并修复了它，那么还必须在其他例程中检查该 bug，如果存在，也必须修复它。另外，如果在功能上有任何变化，则必须在两个地方进行编码。这样的双源开发是昂贵的、令人厌烦的且很难确保正确性。

最后，一些传统的 GPU 计算编程模型是专有的，只能在单一供应商的 GPU 上运行。大多数应用程序开发人员不愿意为不同的供应商编写不同的代码，这进一步限制了 GPU 计算的采用。

早期的 GPU 计算环境是非常困难的，只有那些愿意处理这些问题的专业程序员才能成功。在 HSA 基金会，我们着手解决所有这些问题，消除 GPU 作为 CPU 的真正协处理器的许多屏障，并为主流程序员提供简单的“单一来源”GPU 计算编程。

在 GPU 计算的第一个十年中，我们看到了数百个商业 GPU 加速计划，证明了究竟有多少加速可以通过 GPU 实现。这些估计是由全球 10 000 位程序员编写的，他们拥有编写遗留 GPU 计算程序的专业知识。这些商业计划中的很多都在 CAD、CAM、CAE、图像处理、石油和天然气勘探、金融建模、天气建模、生物科学以及其他 HPC 应用领域。事实上，如果没有 GPU 的计算吞吐量，用于图像、语音和视频分类的深度神经网络（DNN）的整个领域在经济上将不可行。

10

那么，如果我们能够像使用多核 CPU 一样简单地使 GPU 计算的优势变得容易发挥，会发生什么？那就是我们将 GPU 计算加速的优势带给全世界已经使用 C、C++、Java、Python 和 OpenMP 编写代码的 1000 万名程序员。

使 GPU 计算编程更容易的下一个创新是创建 SOC 或 APU，如图 2.2 所示。

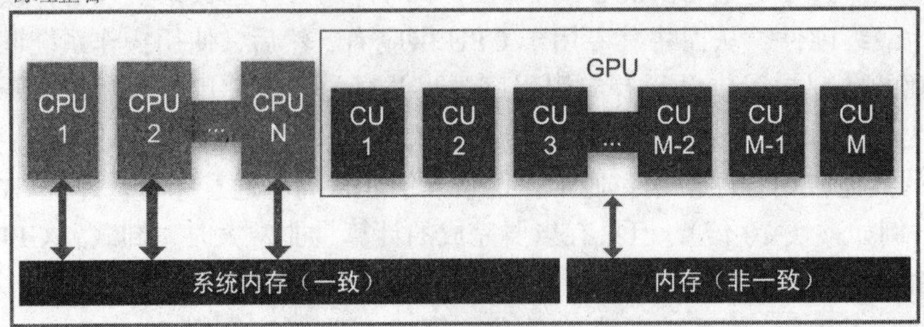

图 2.2 SOC 上的传统 GPU 计算

GPU、CPU 和内存控制器在同一硅片上的物理集成是非常重要的一步。它将 GPU 放置在与 CPU 相同的系统内存上，但不幸的是，它没有在体系结构上统一 CPU 和 GPU 的内存空间。在许多情况下，系统内存的物理连续的“划出区域”在引导时被预留为 GPU 内存——在 4GB 系统上可能是 512MB。相较于系统内存的其余部分，GPU 内核通常可以更快地操作 GPU 内存，并且应用程序在使用之前不需要对其进行页面锁定。GPU 内存池对于 CPU 来说是不一致的。GPU 缓存保持非一致性，系统对于两个内存池仍然具有完全独立的虚拟地址空间，并且对于每个内存池具有不同的带宽。尽管 GPU 与 CPU 在同一个内存控制器上，但 NUMA 系统体系结构仍然存在。即使内存单元与 DRAM 芯片完全相同，但 GPU 仍然局限于访问少量内存，系统内存和 GPU 内存之间的拷贝是常见的。

如果没有完整的内存一致性，只有一个普通的地址空间以及 GPU 引用指针的功能，程序员只能在 OpenCL 和 CUDA 中进行编程，而将其留在双源“地狱”中。另外，在这些早期的 SOC 中，GPU 内核通常只有一个命令队列，通过操作系统调用持续管理，以确保队列访问的原子性。这意味着调度开销没有下降，只有大型计算机才能考虑卸载。

因此，尽管在物理集成方面迈出了非常重要的一步，但是在这些设备上对 GPU 计算进行编程仍然是专家领域，迄今为止尚未吸引大量其他用户。

图 2.3 显示了如何为启用 HSA 的 SOC 配置内存。现在我们真正拥有了一个内存池，在这个内存池中，不再需要为 GPU“开拓”单独内存区域，而 GPU 核心的设计则是将全部性能提供给系统内存。此外，GPU 硬件升级为与 CPU 具有相同的地址空间、与 CPU 完全一致、可操作分页内存、处理页面错误、使用实地址而不是内存缓冲区内的偏移量。最后，我们有一个指针指向要访问的处理器。这是难以置信的强大，因为它允许 GPU 直接运行在 CPU 数据结构上。相反，这又会导致高级语言被直接编译到 CPU 和 GPU 代码中，不再需要使用特定于 GPU 的语言——单源编程的“涅盘”！

11

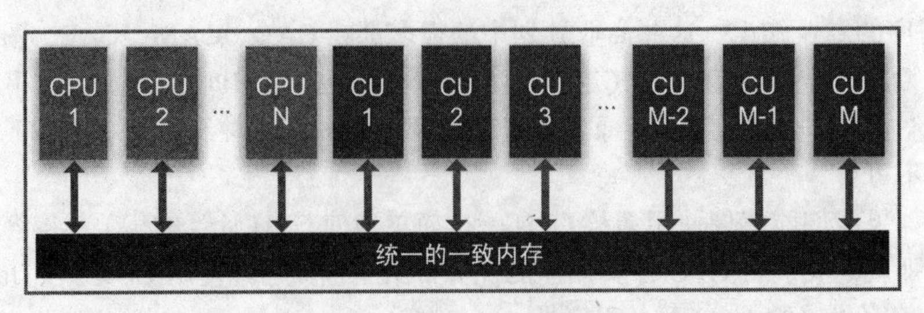

图 2.3 启用 HSA 的 SOC

图 2.4 显示 HSA 不仅限于 GPU 计算。未来，我们期待 DSP 内核和其他加速器参与 HSA 体系结构。HSA 的一个重要方面是操作系统对它的支持是通用的。这意味着，一旦操作系统添加了对一种处理器类型（例如 GPU 计算）的 HSA 支持，则为了添加其他处理器类型（如 DSP、编解码器、FPGA 和其他加速器），不需要进一步的操作系统更改。HSA 是真正异构的，并不仅限于两种处理器类型。

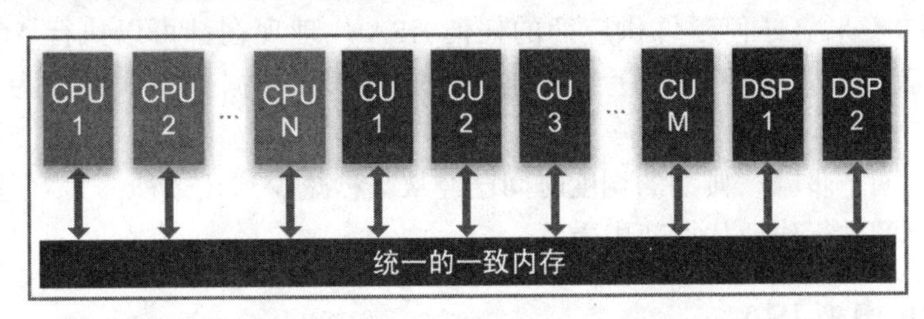

图 2.4 启用 HSA 的 SOC 具有 CPU 之外的多个处理器

2.2 HSA 的支柱

HSA 包含了几十个特性和数百个需求，但是体系结构依赖于一小部分核心，将它与以前的体系结构区别开来，能够实现单一源程序开发，并且首次使 GPU 计算能够被主流程序员所接受。 [12]

2.2.1 HSA 内存模型

前面已经讨论过一些 HSA 内存模型功能，包括统一寻址、分页内存、全内存一致性以及在不同类型的处理器之间传递指针的能力。本节讨论进一步支持处理器间直接协作的同步功能。

HSA 模型包括平台原子操作的定义，这意味着对于访问内存的所有处理器来说，在共享内存中所需的一组操作是原子操作。这些平台原子是允许不同处理器类型在管理队列、同步工作和实现无锁数据结构方面进行互操作的关键。

HSA 内存模型是一种松弛一致性内存模型，这是为了实现高吞吐量的并行性能，并与保存 – 释放和载入 – 获取语义、屏障和栅栏同步。获取和释放语义是影响执行线程之间加载和保存的可见性的规则。在一系列载入中的“载入 – 获取”保证不会对执行线程内的任何载入重新排序。相对于任何先前在执行线程中的保存，将保证保存 – 释放不被重新排序。这允许普通的载入和保存在编译器或硬件的执行线程内重新排序，以获得最佳性能。载入 – 获取和保存 – 释放操作提供了排序同步，允许无锁编程，并在独立线程之间的内存中启用可靠的交互。

HSA 内存模型与所有主要高级语言内存模型（包括 C++14、Java、OpenMP 和 .Net 内存模型）设计兼容。

2.2.2 HSA 排队模型

HSA 排队模型旨在允许 HSA 代理之间的低延迟调度工作，这是 HSA 功能处理器的术语，包含两个基本的部分。

首先是用户模式调度。这意味着 HSA 代理（如 GPU 计算核心）能够在调度程序的控制下从多个单独的队列中提取数据。用户模式队列的设计可以为每个应用程序创建一个单独的队列，甚至可以为每个应用程序创建多个队列。每个应用程序都可以将调度包直接放置在自己的队列中，而无需使用运行时 API 或 OS 服务来管理共享队列。用户模式队列显著减少了应用程序提交工作所需的等待时间。此外，它们还能更好地支持高级调度员执行不同的服务质量策略。

其次，我们创建了一个用于启动并行计算的标准包格式，称为体系结构排队语言（AQL）。这意味着来自任何硬件供应商的任何 HSA 代理现在都可以执行 AQL。这与传统系统不同，后者需要设备驱动程序或其他软件层将 API 数据包格式转换为供应商特定的格式。

13

通过实施这两个步骤，典型的调度时间已经从毫秒减少到几微秒，大大提高了系统的效率，并允许较小的并行作业从加速中受益。

2.2.3 HSAIL 虚拟 ISA

异构系统体系结构中间语言（HSAIL）是并行计算例程或内核的虚拟 ISA。HSAIL 是一种低级别的中间表示，通常由高级语言编译器生成，这是独立于供应商和 ISA 的。在执行之前，执行终止器将 HSAIL 转换成待执行机器的 ISA。HSAIL 是使 HSA“ISA 不可知论”与供应商兼容的关键。

请注意，HSA 终止器可能在不同的时间运行来适应这种情况。它可以在第一次应用程序运行时、在应用程序安装时，甚至在编译时“即时”（JIT）运行。

何时完成的选择取决于应用程序开发人员，并取决于应用程序是否为支持即插即用设备的开放硬件平台（如 PC 机）而构建，或用于封闭的硬件平台（如电话或 HPC 装置）。

2.2.4 HSA 上下文切换

为了使异构计算变得真正无处不在，HSA 应用程序需要在多个应用程序或进程同时运行的系统中运行良好。传统的 GPU 计算系统在多个程序同时调度 GPU 工作时，已经受到了服务质量问题的影响。如果其中一个程序使用不能长时间释放机器的计算内核或者使用大量固定内存，则这一点尤为严重。

因此，HSA 包含抢占和上下文切换的规范，以使 OS 能够抢占长时间运行的作业，保存其状态以便以后恢复，并切换到不同的作业，就像它对 CPU 的作用一样。HSA 规范中的上下文切换要求因机器型号而异。

2.3 HSA 规范

完整定义 HSA 的规范见 http://www.hsafoundation.com/standards/，有三种规范。

2.3.1 HSA 平台系统体系结构规范

14

此规范记录了 HSA 的硬件要求，包括共享虚拟内存、一致性域、信令和同步、原子内存操作、系统时间戳、用户模式排队、AQL、代理调度、上下文切换、异常处理、调试基础结构和拓扑发现。

2.3.2 HSA 运行时规范

此规范记录了一个简单的运行时库，HSA 应用程序链接到该库以使用该平台。运行时包括用于初始化和关闭、系统和代理信息、内存管理、信号和同步、协调调度和错误处理的API。

HSA 运行时与以前的所有计算运行时相区别的一个方面是不要求某个 API 必须用于作业调度。相反，运行时使应用程序能够设置自己的用户模式队列，并且可以以低延迟随意调度工作。根据设计，HSA 运行时在并行处理过程中根本不被调用，因此，如果按预期使用，则不应出现在分析器跟踪中。

2.3.3 HSA 程序员参考手册——HSAIL SPEC

此规范记录了 HSA 虚拟机和 HSA 中间语言。大部分 HSAIL 将由开源编译器的代码生成器（例如 LLVM 和 gcc）生成。虽然不推荐一般程序员使用，但可以在 HSAIL 中手工编写代码，并且可以通过这种方式优化一些高性能库。

此规范还规定了称为 BRIG 的 HSAIL 的对象格式。这允许从单个源程序生成“胖二进制文件”。在这里，对于并行例程，编译器会将 CPU 对象代码和 HSAIL 代码生成到同一个二进制文件中。在加载时，根据 HSA 运行时中的发现例程来选择要执行的路径。正是这种编译函数或方法两次的能力（一次为 CPU，一次为 HSAIL 编译）实现了“单一源代码编程”的承诺。

2.4 HSA 软件

HSA 平台体系结构具有更高效的软件执行栈，如图 2.5 所示。

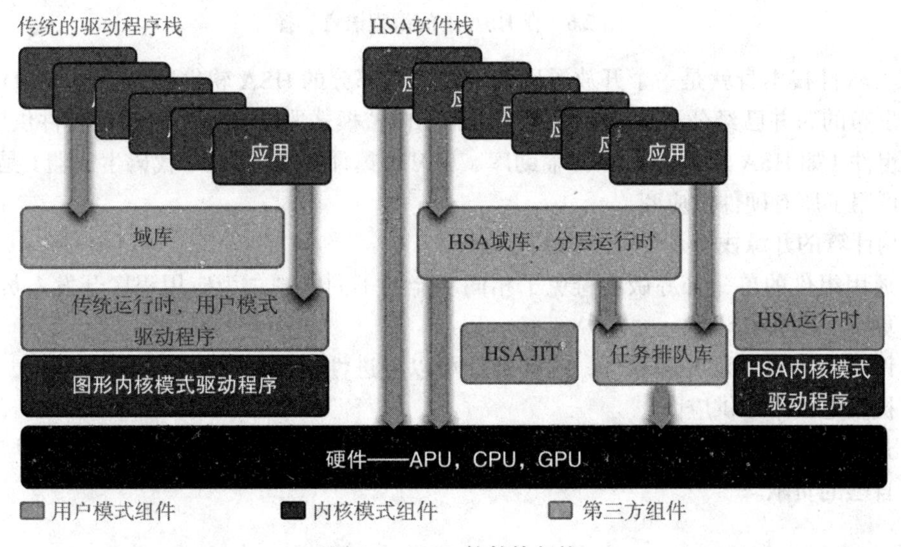

图 2.5 HSA 软件执行栈

在图 2.5 中，宽垂直箭头代表大量使用的命令和执行路径。在传统的驱动程序栈中，在将命令包传送到硬件之前，从应用程序到硬件的每个命令都必须经过多个软件层，包括运行时、用户模式驱动程序、内核模式驱动程序和操作系统。相比之下，在 HSA 软件栈中，应用程序可以直接将命令包写入硬件队列，而无须通过任何其他软件层调用。在这个体系结构和内核模式驱动程序中仍然存在一个运行时，但是它们处于旁边，被调用的次数要少得多，以处理初始化、队列创建、内存分配和异常处理等事情。 对于 GPU 任务调度，不需要调用

HSA 运行时。

这个软件栈有两个主要的优点：

- 将工作调度到 GPU 的开销要小得多。
- 应用程序对执行有更多的控制，而且在发现驱动程序更新之后其性能配置文件已更改时更不易受影响。

这两个特性对应用程序开发人员都非常有吸引力。

除了更高效的执行栈外，HSA 还为程序开发者使用他们选择的语言编写要在 GPU 计算引擎上执行的代码打开了大门，如图 2.6 所示。

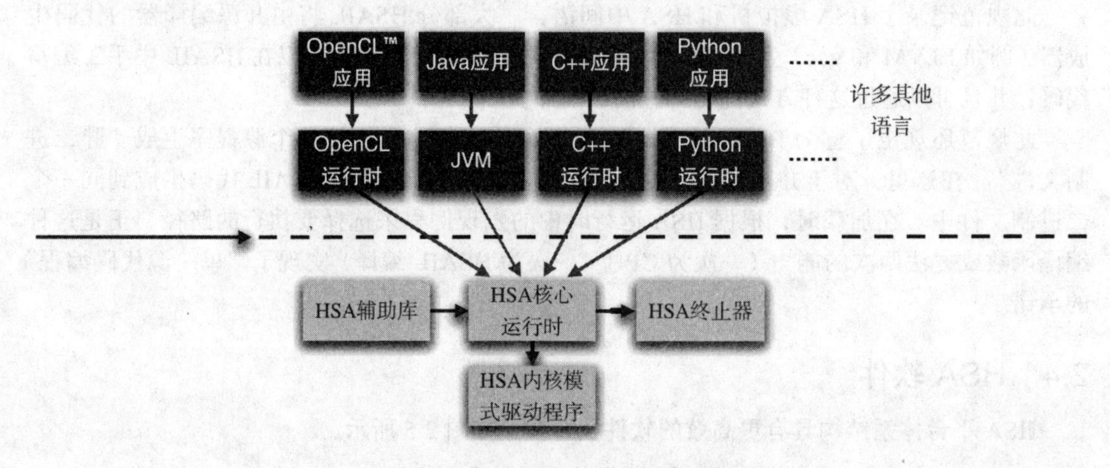

图 2.6 在 HSA 上的编程语言选择

15 ~ 16

HSA 软件栈本身就是一个开放源码的实现，大部分的 HSA 软件栈都是由 AMD 以开放源代码发布的，并已经公开发布。尽管终止器和内核模式驱动程序是特定于硬件供应商的，但其他组件（如 HSA 运行时、HSA 辅助库、LLVM 编译器和 HSAIL 代码生成器）是硬件独立的，可用于所有硬件供应商。

异构计算的开源栈有几个优点：

- 通用组件的单一开源版本避免了相同功能的不同实现，为应用程序开发人员创建了更统一的软件环境。
- 许多客户更喜欢开源软件，这样他们可以促进性能优化，执行自己的维护，而不会被固定到单个供应商。
- 开放源代码软件为大学研究人员打开了大门，以探索这个令人兴奋的新领域并作出自己的贡献。

2.5 HSA 基金会

HSA 体系结构由 HSA 基金会创建并管理，HSA 基金会是一个非营利性行业联盟。HSA 基金会拥有非常多元化的成员，包括硬件知识产权公司、半导体制造商、原始设备制造商、操作系统公司、各类软件公司、政府实验室和大学。

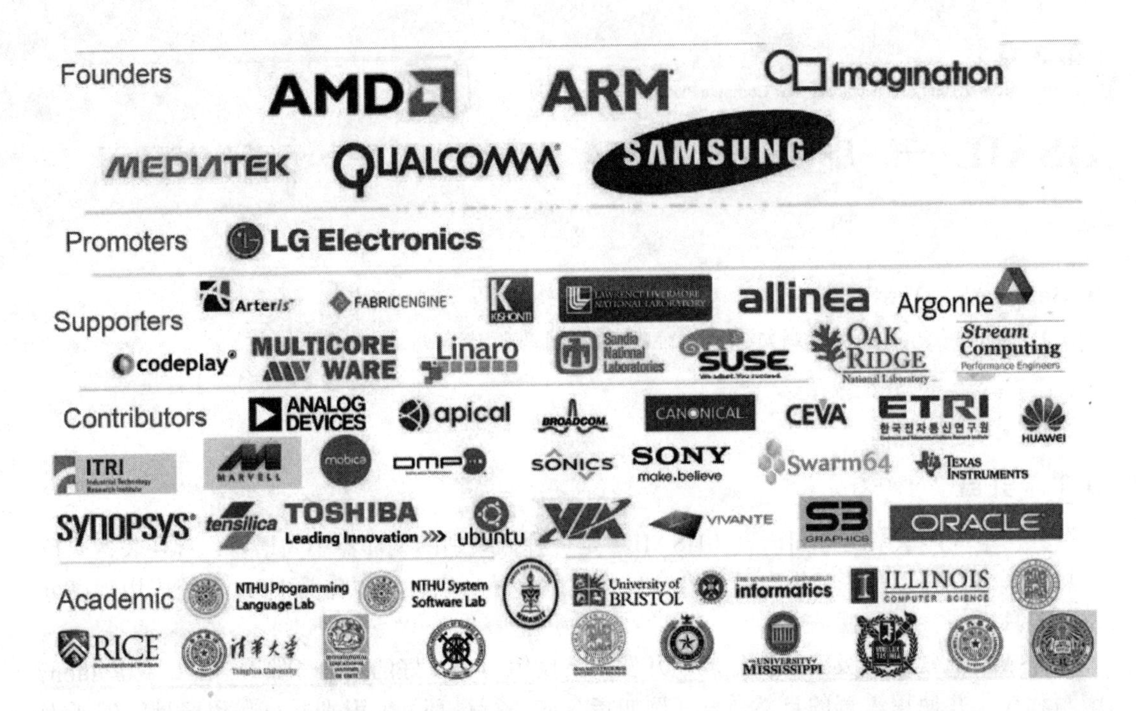

HSA 基金会可以在网站 www.hsafoundation.com 上找到，完整的规范在网站 www.hsafoundation.com/standards 上。如果你在研究异构计算，但仍然不是会员，请考虑加入基金会。这是一个非常具有包容性的机构，拥有适合所有情况的会员级别。通过加入这个基金会，你将会影响计算机体系结构的未来。 17

2.6 小结

本章介绍了 HSA 的概况，包括：

- HSA 解决了哪些问题
- HSA 如何在高层次工作
- HSA 的主要特点
- 使用 HSA 的好处
- HSA 软件栈的主要功能

下面将深入探讨每个主题，并探讨 HSA 提供高性能、低功耗和易于编程的真实示例，旨在协助读者更好地理解规范文档。

HSA 是计算机体系结构向前迈出的重要一步，正在迅速发展到手机、平板电脑、个人电脑、工作站和超级计算机。 18

第3章

Heterogeneous System Architecture A New Compute Platform Infrastructure

HSAIL——虚拟并行ISA

B. Sander*, T. Tye†

AMD，美国得克萨斯州奥斯汀市*；AMD，美国马萨诸塞州波士顿†

3.1 引言

异构系统体系结构中间语言（HSAIL）是一种低级别的编译器中间语言，旨在表达并行区域的代码，并可在多个供应商平台和硬件世代移植。它还可以作为HSA系统应用程序分发的工具。

HSAIL通常由高级编译器生成。开发人员使用用户友好的语言（如C++、C或Python）编写程序，并使用语言的自然语法（例如指令或并行循环）来识别并行代码区域。编译生成所标识的并行区域的CPU和HSAIL的主机代码。HSAIL定义了一种二进制格式（称为“BRIG”），可以将其嵌入HSA应用程序二进制文件中。一种称为“终止器”的即时（JIT）编译器提取嵌入的BRIG并将其转换为异构设备的目标指令集。根据使用模型，终止器可以在构建时间、安装时间或运行时间运行。

HSAIL的好处之一是可以跨多个供应商的产品进行移植。与CPU指令集体系结构（已经稳定在少数，包括ARM、x86和MIPS）不同，GPU和DSP的并行指令集表现出显著的变化，甚至来自同一供应商的亦如此。因此，可移植的、多供应商计算机中间语言的标准是一个重要的贡献。生成HSAIL的编译器可以确保生成的代码可以在各种目标平台上运行。同样，基于HSAIL的工具（调试器、分析器等）也将支持许多目标平台。独立开发成熟的编译器和工具环境具有挑战性。在多个供应商之间共享这种基础体系结构为开发人员提供了更一致的方法，允许供应商利用通用组件，并将精力集中在工具链的真正产品特定部分。

HSA是一个开放的基础，有广泛的行业支持，包括在移动设备（如手机和平板电脑）、个人计算机（如笔记本电脑和台式PC）和服务器（如高性能计算中的设备）中安装产品的供应商。HSAIL是一种稳定的格式，可以兼容未来的硬件版本（包含BRIG的应用程序将继续在未来的硬件上运行）。我们预计，HSAIL将随着主要由工作负载分析推动的新业务的发展而发展，但大约每隔几年一次，版本的迭代速度被控制成与现代CPU体系结构类似。我们也可能期望在未来的发行版中扩展HSAIL，以利用和区分不同类别的域处理器。这样的增加将作为HSAIL的扩展提供，是可选的，并且将依靠核心HSAIL指令来编程许多设备共有的基本并行性。

HSAIL是一种低级的中间语言，运行在机器指令集之上。它是专为快速且强大的编译设计的；从HSAIL到机器代码的转换（终止化步骤）不仅仅是一个复杂的编译器优化过程，更是一种翻译。这个终止化步骤的简单性降低了错误蔓延到设计中的机会，并且还降低了由于终止器中的变化而导致的性能变化。相反，大多数优化都是在高级编译器中完成的，它具有更大的时间预算和更大的范围来实现复杂的优化。例如，HSAIL 提供了一个固定大小的寄存器文件，所以高级编译器执行寄存器分配，这是传统编译过程中比较复杂、容易出错且耗时的部分之一。在一些实现中，终止器可以简单地将 HSAIL 寄存器映射到目标 ISA 寄存器。如果目标 ISA 中的可用寄存器数量小于 HSAIL 代码中使用的寄存器数量，它可能会溢出。

3.2 编译流程示例

图 3.1 显示了一个典型的从高级语言到可以在主机和目标 HSA 代理上执行的代码的编译流程。HSA 代理是参与 HSA 内存模型的设备，可以是 GPU、CPU 或其他域处理器或专用硬件。在这种情况下，程序是用 OpenMP 编写的，OpenMP 是用于表示共享内存多处理器并行计算的通用编程语言。并行区域（小循环 `for` 循环）之前是 `#pragma omp` 行，这是编程人员指出后续循环可以并行执行的指示。这个并行代码将由高级编译器转换为 BRIG（HSAIL 的二进制格式）。主机 CPU 代码（即主要功能和数组的数据分配，以白色显示）包含在同一个源文件中。高级编译器将把这个源代码编译成主机 CPU 指令集中的目标代码。由此产生的可执行图像将包含 CPU 和 BRIG 的混合代码。编译器还会生成与 `for` 循环相关的 CPU 代码，它将加载 BRIG 代码，为目标机器终止，并将结果代码发送到目标机器。在运行时，当在 CPU 指令流中遇到循环时，将执行此代码。通常情况下，BRIG 只终止化一次，并将生成的代码对象保存在内存中。从终止器输出的 HSA 代码对象包含目标 HSA 代理指令集的目标代码。 [20]

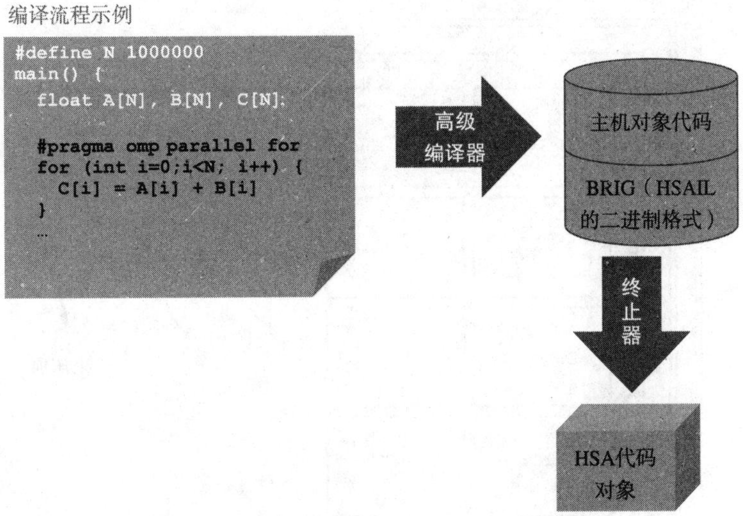

编译流程示例

```
#define N 1000000
main() {
  float A[N], B[N], C[N];

  #pragma omp parallel for
  for (int i=0;i<N; i++) {
    C[i] = A[i] + B[i]
  }
  ...
```

高级编译器

主机对象代码

BRIG（HSAIL 的二进制格式）

终止器

HSA代码对象

图 3.1 从源代码到代码对象的编译流程

示例代码不包含任何特定命令来控制数据传输或副本。定位 HSA 代理的共享虚拟内存时，不需要这些。有关共享虚拟内存的更多详细信息，请参阅第 5 章。

这个简单的例子展示了如何在 HSA 代理上执行用 OpenMP `pragma` 表达的并行性。其他语言使用不同的语法来标记并行区域，但编译流程的其余部分是相似的：

- 同一个源文件包含并行和主机 CPU 代码。
- 并行区域由程序员明确标识，使用熟悉的编程语言（如 C++）的语法。在许多情况下，为多核 CPU 加速设计的相同语法也可用于 HSA 代理的加速。

- 编译器输出的对象文件包含主机 CPU 对象代码和 BRIG。
- 执行时，生成的代码调用 HSA 运行时来终止 BRIG 并将其分派到目标 HSA 代理。

第 7 章展示了 C++ AMP（C++ 的并行扩展）的编译流程示例。

3.3 HSAIL 执行模型

HSAIL 和 HSA 执行模型是为并行执行而设计的。然而，它们将并行性作为一个单线程的 HSAIL 程序，与在调度时指定的并行网格相结合，并描述了并行执行的形式。更具体地说，HSAIL 程序被称为“内核”，并指定执行的单个“工作项”的指令流程。当调度 HSAIL 内核时，dispatch 命令指定了应该执行的工作项的数量（“网格”维度）。每个工作项都是网格中的一个点。网格的组织往往受到正在处理的数据形状的影响。例如，为了处理二维 1920 × 1080 高清视频帧，我们可以形成 1920 × 1080 的网格，其中每个工作项处理帧中的一个像素。或者，我们可以形成 960 × 540 的网格，其中每个工作项处理 2 × 2 像素块。

图 3.2 显示了 HSAIL 执行模型的不同级别。图形或 GPU 计算的专家可能会熟悉这个模型。首先请注意，网格由许多工作项组成。因此，每个工作项都有一个唯一的标识符（用 x，y，z 坐标指定）。HSAIL 包含指令，以便每个工作项可以确定它在网格内的位置（其唯一的坐标），从而确定工作项应在哪部分数据上运行。网格可以具有一维、二维或三维——图 3.2 显示了 3D 网格，但是之前的视频帧示例使用 2D 网格。

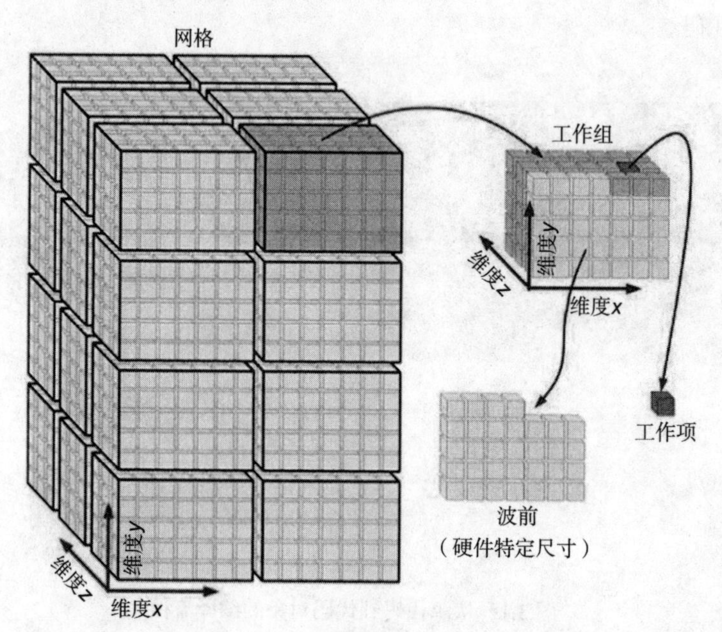

图 3.2 HSA 网格及其工作组和工作项

网格划分为一个或多个“工作组”。同一个工作组中的工作项可以通过高带宽的“组内存”高效地进行通信和同步。工作组可以通过使用组内存提供从机器获得峰值性能的机会。网格中每个维度的最后一个工作组可能只是部分填充，这为开发人员提供了网格大小的一些灵活性。

“波前”是一个硬件概念，表示一起调度并以锁步方式执行的工作项的数量。不同的硬件可能有不同的波前宽度，因此大多数程序不需要知道波前宽度（虽然 HSAIL 确实为专家提供此类支持）。HSAIL 还提供跨通道操作，结合了来自同一波前的多个工作项的结果。

当网格执行时，工作组被分配到目标 HSA 代理中的一个或多个计算单元。网格总是按照工作组大小进行调度。因此，工作组封装了一段并行工作，对于拥有更多计算单元的高端设备，性能自然而然地扩展。

HSA 执行模型中的工作项为编程人员提供了熟悉的目标，因为每个工作项都代表一个执行线程。HSAIL 代码因此类似于一个顺序程序。每个工作项似乎都有自己的程序计数器，控制流可以用条件检查和分支指令表示，而不是显式指定的执行掩码。并行性由网格和工作组（表示要运行多少工作项）表示，而不是在 HSAIL 代码本身内部。这是一个强大的杠杆，使模型可以在各种具有不同向量宽度和数量的计算单元的并行硬件上移植。将其与 CPU 模型进行对比，CPU 模型通常需要使用不同的不兼容机制来表达线程并行性（即 CPU 内核之间）和 SIMD 并行性（每个内核之间）。而且，SIMD 并行性通常被硬编码到程序中，并且随着 SIMD 宽度的增加而难以缩放。具有讽刺意味的是，宽向量 CPU 体系结构有时会被认为更容易编程。这是因为它们是现有的普及型 CPU 体系结构的扩展。然而，表达并行性可能是具有挑战性的，并且通常需要直接在汇编或内在函数中进行开发，并且进一步对汇编进行硬编码以生成特定的向量宽度和指令集。HSAIL 代码看起来像一个熟悉的顺序程序，在可用性和可扩展性方面，是一个比宽向量汇编编码更显著的改进。

最后，HSA 执行模型指定工作项可以并行执行，并且工作项之间的任何通信必须用组内存和屏障、原子或特殊的跨通道指令明确指定。另外，工作组可以并行执行，也可以按任意顺序执行。这两个限制都允许 HSA 二进制文件具有出色的可扩展性，因为添加了并行计算的硬件，而不需要昂贵的依赖性检查硬件。某些语言的一个经典问题是，默认情况下，语言允许隐式内存混叠和交叉循环依赖。编译器必须确定何时不存在上述情况才能实现良好的并行性能可伸缩性。

23

用于这些语言的 HSAIL 编译器也有类似的责任——它们必须消除指针和交叉循环依赖关系的歧义，然后生成 HSAIL，硬件将以大规模并行方式自然执行。有些语言（即 OpenCL 和 CUDA）具有类似 HSA 的弱执行模型，因此可以自然地映射到 HSA 执行模型，而无需进行复杂的编译器分析。

3.4 HSAIL 指令集简介

编写 HSAIL 与编写 CPU 汇编语言相似：语言使用加载 / 存储体系结构，支持基本的整数和浮点操作、分支、原子操作、多媒体操作，并使用固定大小的寄存器池。下面的例子显示了两个将 64 位值加载到 HSAIL 寄存器 `$d0` 中的 HSAIL 操作，然后将“42”添加到 `$d0` 中的值：

```
ld_global_u64   $d0, [$d6 + 120]  ; $d0= load[$d6+120]
add_u64         $d1, $d0, 42      ; $d1= $d2+42
```

HSAIL 支持大约 150 个操作码；Java 字节码提供了 200 个指令集。指令集定义了浮点双精度（64 位）、单精度（32 位）和半精度（16 位）。HSAIL 不仅具有实现现有 GPU 编程模型（如 OpenCL 和 C++ AMP）的功能，而且还支持传统上仅针对 CPU（如 C++、Python 和 OpenMP）的编程模型。因此，HSAIL 可以支持函数指针、虚拟函数、共享虚拟内存、系统原子和用于高效跨设备通信的信号。

此外，HSAIL 还定义了组内存、层次同步原语（例如，工作组、代理和系统范围同步）以及可用于实现峰值性能的波前。这些功能中的许多对于使用当前 GPU 编程语言（如 OpenCL）的 GPU 编程人员来说很熟悉。HSAIL 规范提供了 HSAIL 中丰富的操作集的详细解释。本节的其余部分将介绍 HSAIL 中的一些有趣功能，这些功能将它与其他编译器中间语言区分开来。

3.4.1 原子操作

原子操作是 HSA 内存模型的一部分，它定义了工作项和主机线程如何同步内存访问以控制内存可见性（也称为内存一致性）。内存可见性由内存排序和内存范围一起控制。内存排序指定了不同工作项和线程中的原子操作是如何相互同步的，内存范围控制着这个同步可以发生的内存层次的级别。

24

HSA 内存模型定义了顺序一致的获取 / 释放和松弛的原子内存排序。内存范围可以指定为系统、代理、工作组或波前。在某些机器上，限制内存范围可以提高性能。有关更多信息，请参阅第 7 章。

原子操作可以指定系统内存范围，以使 HSA 代理能够以细粒度的方式相互通信。例如，诸如 GPU 的 HSA 代理可以将数据生成到工作队列中，然后使用具有顺序一致的释放内存排序和系统内存范围的原子操作来移动队列上的尾指针。然后，CPU 或其他 HSA 代理可以使用具有顺序一致的获取内存排序和系统内存范围的原子操作来查看队列中的数据。所有这些都可以在不退出 HSAIL 内核的情况下完成。同样，本例中的 CPU 可以使用顺序一致的释放内存排序和系统内存范围原子来移动队列上的尾指针，以便可能将响应数据发送回另一个队列中的 GPU。在 GPU 上执行的内核调度可以使用具有顺序一致的获取和系统内存范围的原子操作来查看结果。

HSA 内存模型允许 HSA 代理充当 CPU 的真实对等体。由此产生的 HSA 代理之间的通信范例与用于 CPU 内核之间的通信范例相同。传统 GPU 模型倾向于将 GPU 视为 CPU 的“从机”，只有在粗粒度内核调度边界处才允许通信。HSA 通过定义良好的多供应商内存模型支持细粒度的一致性，与现有的仅支持内核调度边界处的重量级粗粒度同步的 GPU 系统相比，是一个重大改进。

《HSAIL 程序员参考手册 1.0》介绍了原子操作（6.6 节）和 HSA 支持的 HSA 内存模型（6.2 节）。例如：

```
// system scope atomic add with release synchronization
atomic_add_global_screl_system_b32 $s1, [&x], 42

// agent-scope atomic add with acquire synchronization
atomic_add_global_scacq_agent_b32$s1, [&x], 42
```

3.4.2 寄存器

HSAIL 的一个关键设计就是使用固定大小的寄存器池。这允许寄存器分配被移动到高级编译器，并且允许终止器运行得更快，复杂度更低。HSAIL 提供四类寄存器，按其大小定义：

- C：可用于包含比较操作输出的 1 位谓词寄存器。

25

- S：32 位寄存器，可以包含 32 位整数或单精度浮点数等值。
- D：包含 64 位整数或双精度浮点数等值的 64 位寄存器。
- Q：包含打包值的 128 位寄存器。支持几种打包格式。每个打包元素的大小可以从 8 位到 64 位。

HSAIL 提供最多 128 个 C 寄存器。S、D 和 Q 寄存器共享一个资源池，最多支持 2048 个 32 位寄存器“插槽”。每个 S 寄存器占用一个寄存器插槽；每个 D 寄存器占用 2 个寄存器插槽，每个 Q 寄存器占用 4 个寄存器插槽。高级编译器必须确保生成的 HSAIL 代码中的“1 * S + 2 * D + 4 * Q”小于 2048。该池被设计为足够大以代表各种并行机器目标，但是也具有已知的有限尺寸以简化终止化步骤。如果高级编译器使用所有可用的寄存器，则它将利用 HSAIL “溢出”段来混合进入和退出寄存器的活动值。如果 HSAIL 代码包含的寄存器比目标体系结构支持的更多，则终止器可以使用简单的溢出启发式。或者，可以选择投入更多的时间和复杂性来最小化寄存器压力。

3.4.3 分段

HSAIL 将地址空间分为七个“段”：全局、组、溢出、私有、参数、只读和内核参数。在某些情况下，这些段映射到特殊的硬件结构。或者，它们为汇编栈提供了存储可用于优化或清晰信息的手段。HSAIL 内存操作在指令中指定了所需的段。例如：

```
ld_global_u64   $d0,[$d6]
ld_group_u64    $d0,[$s6+24]
st_spill_f32    $s1,[$s6+4]
```

以下描述了七个 HSAIL 内存分段：

1）全局段：全局段对所有 HSA 代理（包括主机 CPU）都是可见的。这是 HSA 代理交换信息（如任务队列、平台原子和共享虚拟内存）的主要分段。

2）组段：提供工作组中工作项共享的高性能内存。组内存可以通过工作组中的任何工作项读取和写入，并且可以通过 HSAIL 屏障指令与内存栅栏结合使工作组中的其他工作项可见。工作项不能看到其他工作组的组内存。

3）溢出、私有和参数段：这三个段表示每个工作项栈的不同区域，可以共享一个连续的内存区域。对这些段的内存引用通常由编译器生成，而不是由程序员明确指定。溢出段用于注册溢出。私有段用于内存工作项专用的数据，如未分配到寄存器的变量。最后，参数段用于保存传递给 HSAIL 函数的参数。

26

4）只读段：在执行内核期间只读段保持不变，并且可能映射到某些机器上的特殊硬件。

5）内核参数段：内核参数段用于将参数传递给内核。例如，调度内核的 HSA 代理把参数写入内核参数段，并将指针传递给内核中的内核参数段（在 AQL 包中指定）。然后，内核将使用内核参数段的加载来访问内核参数。内核参数段的内存中格式在《HSAIL 程序员参考手册 1.0》的 4.21 节中指定，包括所有可以传递给内核的类型的大小和对齐要求。因此，所有内核参数的布局、大小和对齐可以通过检查内核的签名以设备无关的方式静态确定。此属性对于实现跨供应商的可移植性至关重要，对于简化终止器实现以及使库开发人员编写可轻松访问内核参数的低级汇编代码也很有用。

下面的代码显示了一个简单的内核头文件，它将两个向量相加。内核有四个参数——三个数组指针（a、b 和 c）作为 64 位值传递给内核，以及一个 32 位大小的 N。注意加载指令使用内核参数段从内核参数段加载到一个 HSAIL 寄存器，稍后可以在内核中通过 HSAIL 指令访问（未显示）。

```
kernel &vec_add (
    kernarg_u64 %arg_a,
    kernarg_u64 %arg_b,
    kernarg_u64 %arg_c,
    kernarg_u32 %arg_N)
  {
    ld_kernarg_u64  $d0, [%arg_a];
    ld_kernarg_u64  $d1, [%arg_b];
    ld_kernarg_u64  $d2, [%arg_c];
    ld_kernarg_u32  $s0, [%arg_N];
…
```

最后，HSAIL 还支持“平面”内存地址。这是指令没有明确标识段时使用的内存地址。例如：

```
ld_u64      $d1,[$d0+24]; flat
```

平面地址根据虚拟地址映射到全局、组或私有段。这个功能对于编写一个接受平面指针的 HSAIL 函数是非常有用的，而不是要求函数的多个归一化来覆盖明确指定的全局 / 组 / 私有段的所有可能的组合。例如，考虑 C++ 类中的一个成员函数，它从 `this` 指针引用一个参数。平面寻址允许使用该内核的单个最终版本，而不管包含的类是在全局内存、组内存还是私有内存中分配。

27

3.4.4　波前和通道

波前是一个硬件概念，指示一起安排的工作项的数量。回想一下，一个 HSAIL 程序代表了单个工作项的程序流程，外观上每个工作项都有自己独立的程序计数器。在许多并行机器上，“幕后”执行波前的实际硬件是 SIMD，向量中的每个通道代表一个工作项。波前中的所有通道总是执行相同的指令，但有些通道可能是“不活动的”。这意味着它们会消耗硬件资源，但不会产生任何结果或做任何有用的工作。硬件使用执行掩码来呈现独立程序计数器的外观。每个通道与执行掩码中的一个位相关联；清除不活动通道的位，设置活动通道的位。

图 3.3 显示了一个简单的程序（它将映射到一个 HSAIL 内核的一部分）是如何在波前的通道上执行的。请注意，`if` 语句在 HSAIL 中表示为分支（`cbr` 是 HSAIL 条件分支指令），而不会暴露硬件实现的细节。终止器和硬件可以使用基于硬件的执行掩码（在 GPU 硬件上典型）或显式掩码指令（在 CPU 硬件上典型）。

HSAIL 定义了几个“跨通道”指令（参见《 HSAIL 程序员参考手册 1.0》的 9.4 节），它们在波前上执行跨越通道的工作。例如，`activelaneid` HSAIL 指令返回同一波前内较早的有效工作项的数量。这可以用于压缩算法。例如，当只有一部分工作项产生结果，并且程序员希望将结果集中地存储在内存中而不是存储在不活动通道的孔内时，可以使用这个指令。

跨通道 `activelanepermute` 指令允许一个工作项读取另一个通道产生的结果，而不需要通过组内存和相关的屏障。`activelanepermute` 对于简化操作（包括经典的总和元素）非常有用，算法的最后步骤是将来自波前的所有工作项的结果组合到一个结果中。《 HSAIL 程序员参考手册 1.0》（9.4 节）中提供了有关这些指令以及其他跨通道操作的详细信息。

伪代码	HSAIL	硬件执行注释
C = A + B;	add $s2, $s0, $s1	假设所有通道在这一点上都是活跃的
if (C < 0)	cmp_ge_b1_u32 $c0, $s2, 0 cbr_b1 $c0, @label1	在所有通道上执行
A++;	add $s0, $s0, 1 br @label2	注意 HSAIL 使用分支指令。执行掩码由终止器和硬件设置，具体取决于供应商的实现
else	@label1:	仅在 C < 0 的通道上执行
B++	add $s1, $s1, 1	终止器和硬件反转执行掩码
	@label2:	仅在 C ≥ 0 的通道上执行

图 3.3　显示了如何在硬件上执行波前通道的例子

28

许多程序都可以通过 HSAIL 内核和大型网格提供出色的可扩展性来指定并行性，而无需担心工作组维度或波前宽度的细节。指定工作组维度提供了优化的机会，特别是当组中的工作项可以从高速通信机制（组内存和工作组屏障）中受益时。使用特定工作组维度的程序可以在 HSA 供应商之间移植（对于工作组维度至少高达 256，这是 HSA 要求的最小程度）。波前级的编程通常不是典型的，因为每个供应商体系结构只支持一个波前宽度。跨通道 HSAIL 指令是可移植的，因为它们可以针对任何 HSAIL 内核代理完成，WAVESIZE 宏返回目标代理的波前宽度。但是，通常使用这些指令的算法固有地针对特定的波前宽度。尽管如此，对于某些算法，波前感知编程提供了显著的性能提升，HSAIL 确实可以利用这种性能。

3.5　HSAIL 机器模型和配置文件

HSAIL 旨在支持各种设备，从计算场中的大型机到手中的小工具。为了确保 HSAIL 可以在多个细分市场中高效实施，HSA 基金会引入了机器模型和配置文件的概念。机器模型涉及数据指针的大小；配置文件侧重于功能和精度要求。

拥有太多机器模型和配置文件会破坏生态系统，使基础设施和社区难以发展和成长。因此，目前只有两种机型：32 位地址空间（Small），64 位地址空间（Large）。同样，只有两个配置文件：基本和完整。

以 32 位地址空间大小执行的进程需要 HSAIL 代码使用小型机器模型。执行 64 位地址空间的进程需要 HSAIL 代码使用大型机器模型。Small 模式适用于当今主要是 32 位的移动应用程序，或适用于某些部分重写为数据并行内核的传统 PC 应用程序。Large 模式适用于主要在 64 位 PC 环境中运行的现代 PC 应用程序。随着移动应用处理器演进到 64 位，大型模型可能应用于移动领域。

提供 HSAIL 配置文件，以确保实现支持所需的功能集并满足给定的程序限制。严格定义的一套 HSAIL 配置文件要求为具有一定级别支持的用户提供可移植性保证。基本配置文件表明，实现的目标是较小的系统，提供更好的能源效率，而不牺牲性能。在这个配置文件中精度可能会降低，以提高能源效率。完整配置文件表明，针对大型系统的实现将具有可以保证更高精度的结果而不牺牲性能的硬件。

29

完整配置文件遵循 IEEE-754 浮点运算规则。值得注意的是，这要求在数学上精确的加法、减法、乘法、除法和平方根运算的结果。此外，完整配置文件支持一组丰富的 IEEE-754 舍入模式。基本配置文件放宽了除法和平方根的精度要求，并且只支持单个浮点舍入模式，可以是舍入到最近邻或舍入为零。

以下规则适用于配置文件：

- 终止器可以选择支持一个或两个配置文件。
- 单个配置文件适用于整个 HSAIL 程序。
- 应用程序不允许混合配置文件。
- 每个配置文件都支持大型和小型机器模型。

3.6 HSAIL 编译流程

图 3.4 显示了 HSA 运行时如何从 HSAIL 生成可以在 HSA 内核代理上执行的代码。该图显示了两个不同的阶段：

- 终止化：为特定指令集体系结构创建代码。
- 加载：管理全局和只读段变量的分配，以及将最终代码安装到特定 HSA 内核代理上。

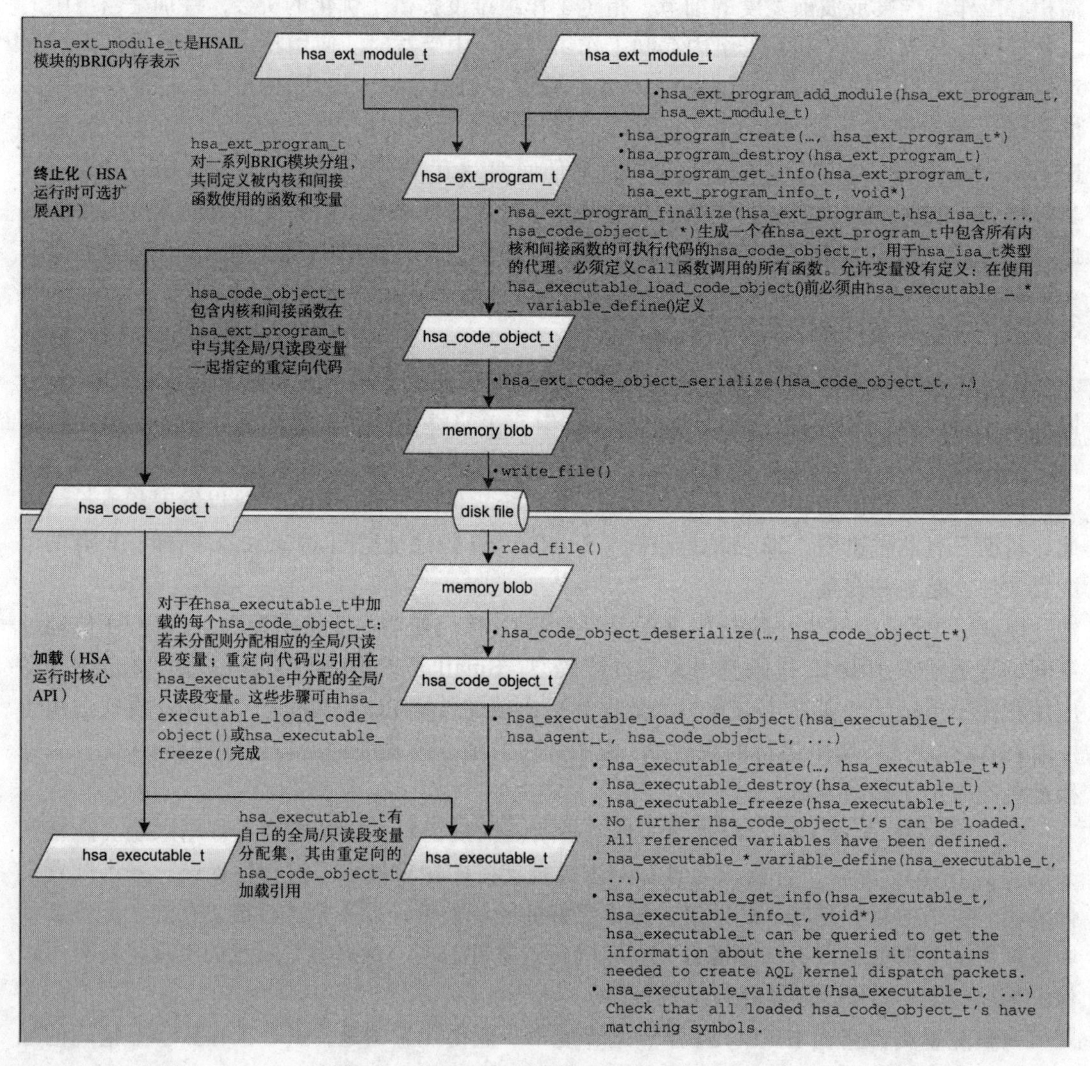

图 3.4 HSA 运行时支持 HSAIL 生命周期

终止化流程（深灰色）与加载流程（浅灰色）完全分离，实际上，终止器 API 是一个可选的扩展，不需要包含在 HSA 运行时实现中。运行时终止化是可选的，以支持在构建时或安装时执行终止化的系统，因此不需要运行时终止化。编译流程允许离线生成代码对象，也许可以通过离线编译器生成 HSAIL，然后调用终止器工具，也可以通过离线编译器直接生成目标 ISA（指令集体系结构或机器代码）。支持这两种路径以及一个完整的在线终止化流程，在这个流程中，BRIG 被生成，然后在运行时终止化。

可选的终止化流程从一个或多个输入模块构建程序开始。所有 BRIG 代码都包含在模块中（BRIG 在《HSAIL 程序员参考手册 1.0》的第 18 章中定义）。程序可能包含多个共享功能代码和数据的 BRIG 模块。程序被传递给终止器为目标平台生成 ISA，终止器的输出是一个代码对象。代码对象可以直接传递到加载流或序列化并保存到磁盘文件。

30
~
31

加载流程从代码对象开始，代码对象可以直接来自终止器的输出（运行时终止）或反序列化磁盘文件（离线终止）。然后加载代码对象，为全局变量分配内存，解析代码中的全局符号的偏移量，并准备要在目标 HSA 代理上执行的代码。加载步骤的输出是一个"可执行文件"，它可能包含多个内核和相关函数的代码。HSA 运行时提供 API 来从可执行文件中提取"内核对象"句柄，内核对象句柄可以传递到 AQL 数据包中以执行期望的内核代码。

HSAIL 编译过程涉及多个数据结构和单独的步骤，但在编译执行（在线或离线）时提供了极大的灵活性。它还支持终止器输出缓存，并允许 BRIG 和 ISA 文件共享全局数据和代码。更多信息请参阅《HSAIL 程序员参考手册 1.0》的 4.1 节和《HSA 运行时规范 1.0》。

3.7 HSAIL 编译工具

使用 HSAIL 语言的开发人员可以使用以下工具。遵循 HSA 基金会的章程，开发"免版税标准和开源软件"，这里描述的大多数工具都是开源的，可以在 HSA 基金会 GitHub 网站（https://github.com/HSAFoundation）下载。

3.7.1 编译器框架

已将 HSAIL 作为编译器目标添加到流行的 LLVM 编译器框架中。这为语言前端提供了一条平滑的路径来生成可以在各种并行计算设备上运行的 HSAIL 代码。图 3.5 显示了正在开发的三个前端：OpenCL、C++ 和 Python。其中每一个都为程序员定义了语言特定的语法来标记并行区域。LLVM 编译器将为并行区域生成 HSAIL 代码（包括使用 HSA 运行时分派 HSAIL 内核的代码）。它还将为程序的其余部分生成主机 CPU 代码。第 8 章给出了一个 C++ 的例子。

正在开发一个 OpenMP 前端，将 HSAIL 目标添加到 GCC 编译器。除了这里列出的其他语言前端，可以建立在 LLVM 和 GCC HSAIL 目标上，为其他主流或领域特定的语言带来加速。另外，HSAIL 是一个独立的、完全指定的编译器中间语言，可以添加到其他编译器框架中。

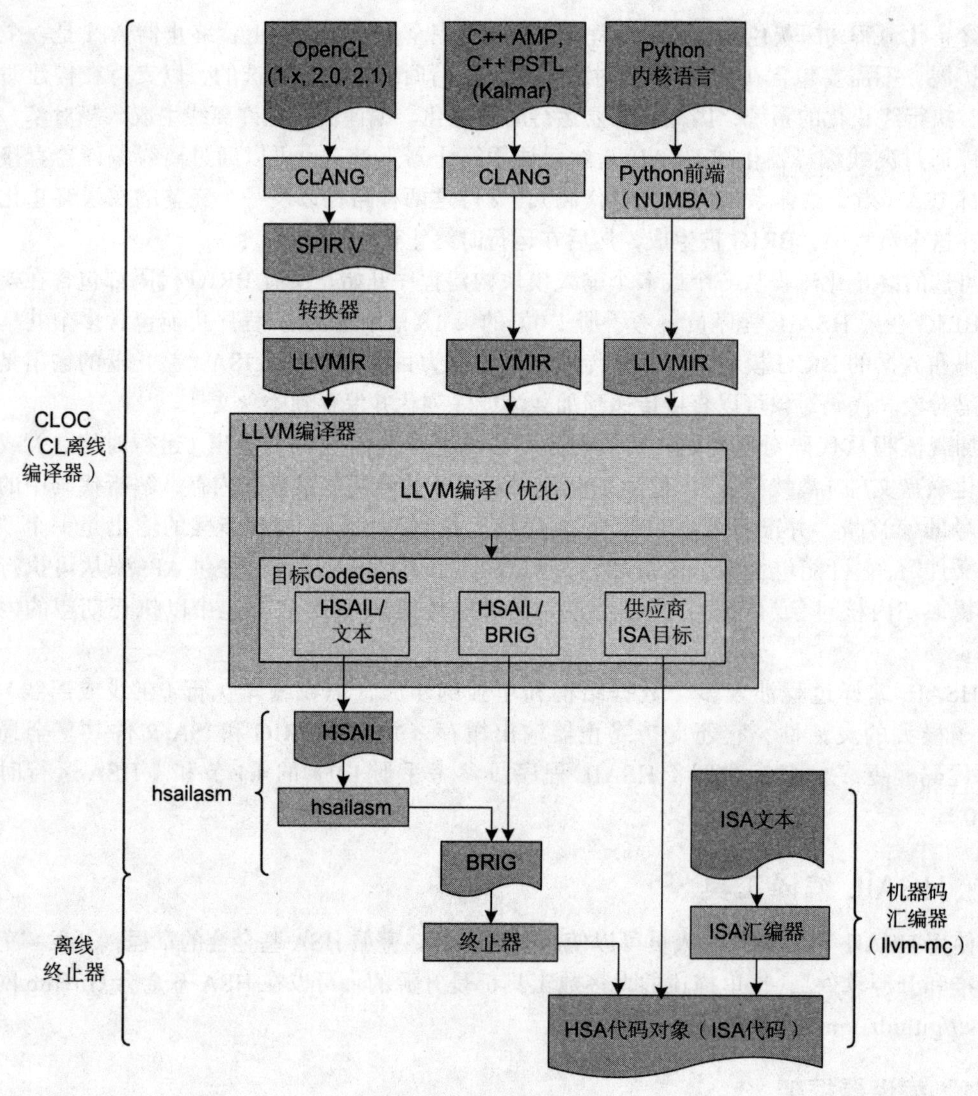

图 3.5 HSAIL 编译工具

3.7.2 CL 离线编译

图 3.5 的左边显示了 OpenCL 的离线编译器，称为“CLOC”。这解析了 OpenCL 内核的语法，通过 LLVM 编译器运行，并生成 HSAIL/BRIG 作为输出。离线编译 OpenCL 本身是有用的，因为它在编译时而不是运行时显示错误消息，并且可以促进快速的开发流程。这也提供了一个方便的方法来生成可以直接与 HSA 运行时一起使用的 BRIG 序列化文件。这些在生成测试用例、移植代码或开发用于其他语言的库时非常有用。OpenCL 定义了丰富的内核语言，它支持许多特性，包括组内存和屏障、广泛的数学和图像库。使用像 OpenCL 内核语言（基于 C99）的高级语言编写代码比直接在 HSAIL 文本中写代码要简单得多。请注意，直接使用 HSA 运行时执行时，CLOC 生成的 BRIG 内核无法访问完整的 OpenCL 运行时。这意味着需要 OpenCL 运行时支持的 OpenCL 内核语言功能（例如 `printf`、设备入队和管道）不可用。毫无疑问，许多内核不需要这些特性，CLOC 可以成为一个有用的开发工具。

3.7.3 HSAIL 汇编器 / 反汇编器

BRIG 是 HSAIL 文本的二进制形式。hsailasm 工具将 HSAIL 文本转换为 BRIG，反之亦然。二进制和文本形式是相同信息的两种表示形式，可以相互转换。文本 HSAIL 和二进制 BRIG 在《HSAIL 程序员参考手册 1.0》中有更详细的描述。

32 ~ 33

3.7.4 ISA 和机器码汇编器 / 反汇编器

HSAIL 是一个低级别的编译器目标，并且提供了便于其他供应商以及来自同一供应商的未来硬件移植的优点。在某些情况下，开发人员可能更愿意直接为目标平台生成 ISA。例如，当性能或二进制稳定性是主要问题时，这是非常有用的。编译器可以选择创建包含用于某些目标的 ISA 和用于可移植性的 BRIG 的“胖二进制文件”。

图 3.5 显示了一个例子，其中 LLVM 编译器包含用于 HSAIL 和供应商特定 ISA 的目标代码生成器。通过适当的编译器支持，任何语言前端都可以多次运行 LLVM 编译器，以生成一个包含 BRIG 和 ISA 代码的胖二进制文件。此外，LLVM “机器代码” 框架可以用作汇编程序，将 ISA 文本转换为可直接在硬件上运行的目标代码。另一个选择是从 LLVM 编译器生成 BRIG，然后运行离线终止器为选定的目标代理生成 ISA。如果目标系统不支持可选的在线终止化 API，或者开发人员想要锁定完整的 ISA 版本，而目标系统不会重新确定，则此流程可能会有所帮助。

灵活的 HSAIL 编译框架和终止器接口为开发人员提供了许多选项，并支持可移植性、稳定性和性能目标。

3.8 小结

本章描述了 HSAIL——一个可移植的低级编译器中间表示，用于表达并行计算。《HSAIL 程序员参考手册 1.0》由开放标准机构创建，并于 2015 年 3 月获得批准。本书中的其他示例显示了现有语言如何使用生成 HSAIL 的编译器来定位各种并行计算设备。

HSA 将从根本上改变人们对异构设备进行编程的方式。我们已经在本书的例子中看到潜力，对现有的流行编程模型编译器可以生成 HSAIL。程序员将继续使用他们已经使用的语言编程，可以像他们期望的那样使用指针和数据结构，由此产生的 HSAIL 代码是可移植的，并且将运行在许多不同的并行目标上。HSA HSAIL 将使程序员能够在没有加速器编程的传统痛苦的情况下获得巨大的性能提升。

34

第 4 章
Heterogeneous System Architecture A New Compute Platform Infrastructure

HSA 运行时

Y.-C. Chung
中国台湾“清华大学”

HSA 运行时是一种精简的用户模式应用程序编程接口（API），它提供了主机将计算内核启动到可用 HSA 代理程序所必需的接口。它可以分为两类：核心和扩展。HSA 核心运行时 API 旨在支持 HSA 系统平台体系结构规范所需的操作，并且必须得到任何符合 HSA 的系统的支持。HSA 扩展运行时 API 可以是 HSA 认可的或供应商特定的，并且对于符合 HSA 的系统是可选的。在本章中，我们将首先描述 HSA 核心运行时 API，包括初始化和关闭、通知、系统和 HSA 代理信息、信号、队列、内存、代码对象和可执行文件，然后是经过 HSA 认证的运行时 API（包括 HSAIL 终止化和图像）。

4.1 引言

HSA 标准将 CPU、GPU 和其他加速器集成到一个具有共享的高带宽内存系统的平台中，以支持各种数据并行和任务并行编程模型。为了实现这一目标，HSA 基金会提出了 HSA 平台系统体系结构 [1]、HSAIL[2] 和 HSA 运行时间 [3] 三个规范。

从硬件角度来看，HSA 平台系统体系结构的规范定义了一套系统体系结构要求，如 HSA 平台拓扑发现、信号、同步、排队模型、体系结构排队语言（AQL）、内存模型等支持 HSA 的编程模型和系统软件基础设施。通过对 HSA 编程模型进行编程，开发人员可以构建可移植 HSA 应用程序，从而获得专用 HSA 代理的强大功能和性能优势。许多这些 HSA 代理（包括 GPU 和 DSP）都是功能强大且灵活的处理器，它们已经用专用硬件进行了扩展，以加速并行代码。从历史上看，由于其专用或专有的编程语言，这些设备难以编程。HSA 旨在将这些代理的优势带入主流编程语言，如 C++ 和 Python。

35

异构系统体系结构中间语言（HSAIL）的规范定义了一种可移植的低级编译器中间语言来表示 GPU 计算内核的中间格式。高级编译器处理大多数优化过程，并为并行代码区域生成 HSAIL。一个低级轻量级的编译器（称为终止器）将 HSAIL 翻译成目标机器代码。终止器可以在编译时、安装时或运行时调用。每个 HSA 代理提供它自己的终止器的实现。

HSA 运行时的规范定义了一个开销较低的用户模式 API，它提供了上层语言运行时所必需的接口，例如 OpenCL 运行时将计算内核启动到可用的 HSA 代理。HSA 运行时设计的总体目标是提供可在多个 HSA 供应商实现中移植的高性能调度机制。为了实现高性能调度，参数设置和内核启动机制在 HSA 平台系统体系结构中定义的硬件和规范级别进行架构。HSA 运行时 API 是标准化的，使得构建在 HSA 运行时上的语言可以在支持 API 的不同供应商平台上运行。

HSA 运行时 API 可以分为两类：核心和扩展。HSA 核心运行时 API 的目的是支持 HSA 系统平台体系结构规范所要求的操作。HSA 核心运行时 API 是任何符合 HSA 实现要求的。HSA 核心运行时 API 的关键部分包括

- 运行时初始化和关闭
- 运行时通知
- 系统和 HSA 代理信息
- 信号
- 队列
- AQL 数据包
- 内存

HSA 扩展运行时 API 可以是 HSA 认可的或供应商特定的。HSA 认可的扩展对于符合 HSA 的实现是可选的，但预计将被广泛使用。目前，有两个 HSA 认可的扩展，HSAIL 终止化和图像。HSAIL 终止化 API 允许应用程序以二进制格式（BRIG）编译一套 HSAIL 模块，生成供应商特定的代码对象，并检索这些代码对象。图像 API 允许应用程序指定从图片加载的图像，并将有关其资源布局和其他属性的信息存储在内存中。使用图像 API，应用程序可以更有效地控制图像数据的分配和管理内存。HSA 基金会认可的扩展可以在未来版本的标准中被提升为核心 API。当升级扩展时，扩展规范被添加到核心规范。作为升级扩展的一部分的函数、类型和枚举常量将删除其扩展前缀。然而，HSA 实现这样的后续修订版本还必须继续声明和公开原始版本的函数、类型和枚举常量作为转换帮助。 36

HSA 运行时的实现可能包括操作系统内核级组件（某些硬件组件需要）或可能只包含用户空间组件（例如模拟器[4] 或 CPU 实现）。HSA 运行时的 API 是所有 HSA 供应商的标准，也就是说，使用 HSA 运行时的语言实现可以在支持 API 的不同平台上执行。供应商负责提供自己的 HSA 运行时实现，以支持其平台中提供的所有 HSA 代理。HSA 不提供结合不同供应商的运行时的机制。

图 4.1 显示了 HSA 运行时在 HSA 软件体系结构中的位置。栈顶部是一个编程模型或语言，如 OpenCL、C++、C++ AMP、OpenMP 或领域特定语言（DSL）。编程模型必须包含一些方法来指示可以加速的并行区域。例如，OpenCL 调用了一个名为 `clEnqueueNDRangeKernel()` 的函数，其中包含关联的内核和网格范围。再举一个例子，如第 7 章所述，C++ AMP 提供了一个 `parallel_ for` 结构来描述方法函数中的并行执行区域。在语言运行时层，每种语言都包含其运行时；其实现可能建立在 HSA 运行时上。（将来，有些语言可能会选择直接公开 HSA 运行时。）当语言编译器为并行区域生成代码时，语言运行库将通过调用相应的 HSA 运行时例程来设置和分配并行区域到 HSA 代理。语言运行时还负责调用适当的 HSA 运行时 API 函数来初始化 HSA 运行时、选择目标设备、创建执行队列、管理内存等。终止器是 HSA 运行时的可选组件。应用程序可以通过 HSAIL 终止例程调用终止器，在执行应用程序期间将 HSAIL 模块转换为目标二进制。

本章的其余部分安排如下。4.2 节将详细描述 HSA 核心运行时 API。4.3 节将介绍 HSA 认可的扩展——HSAIL 终止化和图像。

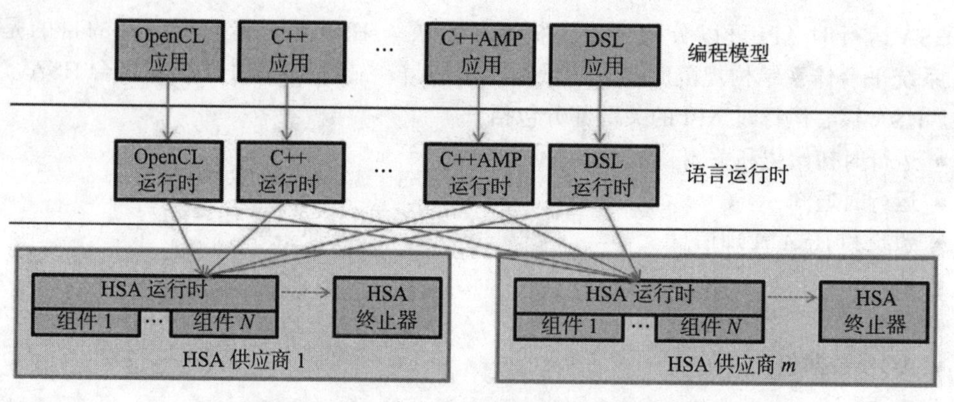

37

图 4.1　具有 HSA 运行时的软件体系结构栈

4.2　HSA 核心运行时 API

作为 HSA 运行时所需的部分，HSA 核心运行时 API 包括运行时初始化和关闭、运行时通知、系统和 HSA 代理信息、信号、队列、AQL 数据包和内存。了解这些功能的特定功能可以帮助硬件架构师和语言实现者进行工作。下面将更详细地描述每个部分。

4.2.1　运行时的初始化和关闭

在应用程序可以使用 HSA 运行时之前，必须首先进行初始化。初始化的目的是创建一个运行时实例，并为创建的运行时实例分配资源。运行时实例是特定于实现的。典型的运行时实例可能包含有关平台、拓扑、引用计数、队列和信号等的信息。图 4.2 显示了 HSAemu[4] 中使用的运行时实例的示例。在 HSA 运行时中定义的初始化例程是 `hsa_init`。当在给定进程中首次调用 `hsa_init` 时，会创建一个运行时实例；与运行时实例关联的引用计数设置为 1。此后，只要调用初始化例程，引用计数就加 1。引用计数用于记录在给定进程中调用初始化 API 的次数。给定进程只有一个运行时实例。

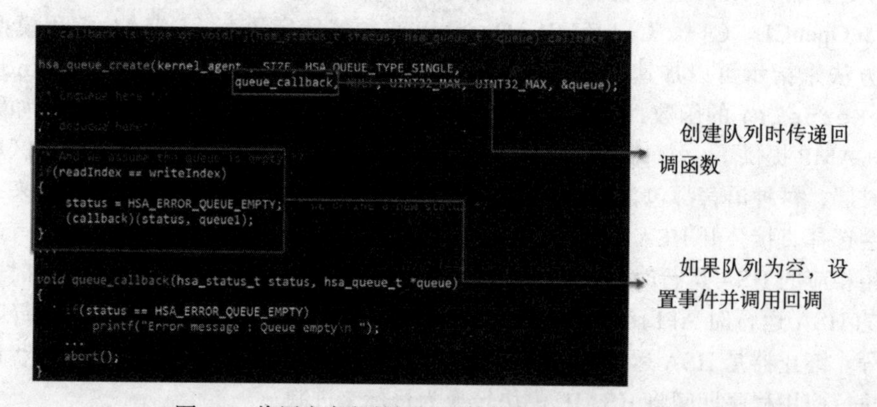

图 4.2　将用户定义的回调函数与队列相关联的示例

当不再需要运行时实例时，创建运行时实例的应用程序将调用关闭例程来关闭运行时实例。在 HSA 运行时中定义的关闭例程是 `hsa_shut_down`。当调用 `hsa_shut_down` 时，与运行时实例关联的引用计数减 1。如果当前 HSA 运行时实例的引用计数器小于 1，则与运行时实例（队列、信号和拓扑信息等）关联的所有资源均被视为无效。在随后的 API 调用

38

中调用除 hsa_init 之外的任何 HSA 运行时例程都会导致未定义的行为。当 hsa_shut_down 被调用的次数多于 hsa_init 时，HSA 运行时将返回状态码 HSA_STATUS_ERROR_NOT_INITIALIZED，通知用户 HSA 运行时未被初始化。根据实现情况，可以释放分配给运行时实例的无效资源，或者等到另一个 hsa_init 被调用以再次激活 HSA 运行时实例。这样，在同一个进程中为所有 HSA 客户端维护一个运行时实例，直到它们都调用了关闭例程。

4.2.2 运行时的通知

HSA 应用程序使用运行时通知来报告错误和事件。HSA 运行时定义了两种通知：同步和异步。同步通知用于指示调用的 HSA 运行时例程是否成功执行。HSA 运行时使用 HSA 运行时例程的返回值同步传递通知。HSA 运行时将状态码定义为枚举（hsa_status_t），以捕获已执行的任何 HSA 运行时例程（除了某些队列索引或信号值 API 之外）的返回值。通知是指示成功或错误的状态码。HSA_STATUS_SUCCESS 表示成功状态，相当于零。错误状态分配有一个正整数，其标识符以 HSA_STATUS_ERROR 前缀开头。状态码可以帮助确定不成功执行的原因。除了 hsa_status_t 之外，HSA 运行时还定义了一个例程 hsa_status_string，供应用程序查询与状态码相关的附加解释信息。

当 HSA 运行时检测到异步事件或错误的发生时，它通过调用应用程序提供的适当的回调函数来传递异步通知。图 4.3 显示了一个例子。在图 4.2 中，应用程序排队的任务由包处理器异步使用。当指示包处理器从队列 1 中检索数据包但发现队列 1 为空时，运行时检测到此错误，并用状态码和指向错误队列的指针调用回调函数 queue_callback。调用 hsa_queue_create 时，回调函数 queue_callback 与队列关联。HSA 运行时不执行任何默认回调。也就是说，所有回调都是用户定义的。在回调实现中使用阻塞函数时需要小心。例如，不返回的回调可能使运行时状态不确定。

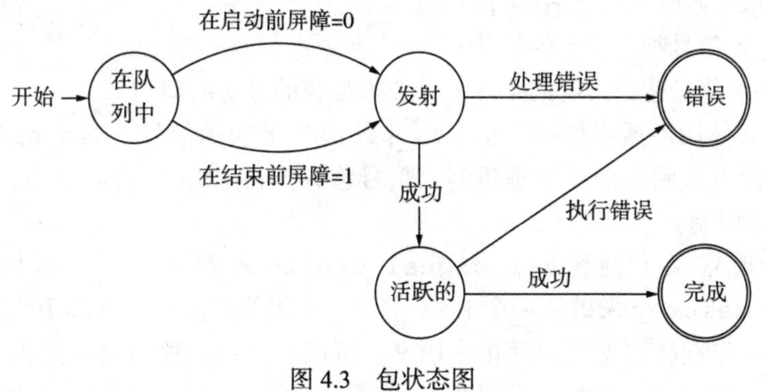

图 4.3 包状态图

39

4.2.3 系统和 HSA 代理信息

根据 HSA 平台系统体系结构规范，HSA 系统可以实现为小端或大端。机器模型可以实现为 32 位小型系统或 64 位大型系统。共享虚拟内存可以实现为基本配置文件或完整配置文件等。为了使应用程序查询给定 HSA 系统的实现类型，HSA 运行时为所有 HSA 系统属性定义了一个枚举器 hsa_system_info_t。HSA 运行时还为应用程序定义一个例程 hsa_system_get_info，以获取指定系统属性的值。

HSA代理的一个重要特征是它是否是内核代理。

为了使应用程序访问给定系统中的HSA代理程序，HSA运行时定义了一个类型为hsa_agent_t的不透明句柄以表示HSA代理程序和枚举器hsa_agent_info_t以表示代理程序属性。HSA运行时还定义了一个例程hsa_iterate_agents，用于应用程序遍历系统中可用的HSA代理列表。另外，它还定义一个例程hsa_agent_get_info，供应用程序查询HSA代理特定的属性。代理属性的示例包括：名称、支持设备（CPU、GPU）的类型和支持的队列类型。实现hsa_iterate_agents需要至少报告主机（CPU）代理程序。应用程序可以检查HSA_AGENT_INFO_FEATURE属性，以确定代理是否是内核代理。如果HSA代理支持HSAIL指令集，并且支持AQL内核调度包格式的执行，则HSA代理是内核代理。内核代理可以使用内存操作向任何内核代理（包括自己）发送命令来构造和排队AQL数据包。内核代理由一个或多个计算单元组成，并公开与内核调度相关的丰富属性集，例如网格中的波前大小或工作项的最大数量。系统可能包含既不是内核代理也不是主CPU的代理。专用编码器/解码器和专用加密引擎是非内核代理的例子。

4.2.4　信号

40

HSA代理可以通过使用一致的全局内存或使用信号相互通信。在HSA平台系统体系结构规范中，信号的属性和操作已被很好地定义。HSA信号值只能由内核代理使用特定的HSAIL机制来操作，而主机CPU则必须使用HSA运行时机制来操作。HSAIL和HSA运行时所需的机制是：

- 分配HSA信号
- 销毁HSA信号
- 读取当前的HSA信号值
- 发送HSA信号值
- 原子读取－修改－写入HSA信号值
- 等待HSA信号符合指定的条件
- 等待HSA信号达到指定的条件，并要求最长的等待时间

HSA运行时使用不透明信号句柄hsa_signal_t表示信号，hsa_signal_value_t表示真值。采用不透明的信号处理机制，信号值只能由HSA运行时例程或HSAIL指令操作，满足其使用限制。

HSA运行时定义了例程hsa_signal_create来创建一个HSA信号，以及例程hsa_signal_destroy来破坏一个HSA信号。由于信号值可能被多个代理同时操作，每个读或写信号操作都必须支持内存排序语义。可能的内存排序语义包括松弛、释放、获取和获取－释放。HSA运行时定义例程hsa_signal_load_acquire和hsa_signal_load_relaxed以自动读取当前HSA信号值。对于发送HSA信号值的操作，更新信号值相当于发送信号值。HSA运行时定义松弛的例程hsa_signal_store_release和hsa_signal_store_ release以自动设置HSA信号的值。信号原子读取－修改－写入操作包括AND、OR、XOR、Add（添加）、Subtract（减少）、Exchange（交换）和CAS。HSA运行时定义了用于信号的原子**读取－修改－写入**更新和内存排序操作的组合的例程。例如，例程hsa_signal_add_release用原子内存栏释放一个给定数量的信号值。在HSA运行时中定义的操作和内存顺序的组合与相应的HSAIL指令相匹配。对于等待HSA信号满足

指定条件（无论是否具有最大等待持续时间）的操作，定义了例程 hsa_signal_wait_acquire 和 hsa_signal_wait_relaxed。

4.2.5 队列

在 HSA 平台系统体系结构规范中，定义了队列的类型、特征、属性和操作。HSA 兼容的平台支持多个用户级队列的分配。用户级队列（简称队列）的特点是具有一定大小的运行时分配的用户级可访问虚拟内存，包含定义在体系结构排队语言中的数据包（称为 AQL 数据包 [1]）。队列与特定的 HSA 代理相关联，但 HSA 代理可能有多个队列连接到它。HSA 软件操作基于内存的结构来配置硬件队列。它这样做是为了允许对 HSA 代理的硬件队列进行有效的软件管理。队列的内存由数据包处理器作为环形缓冲区处理，具有单独的内存位置定义该队列的写入和读取状态信息。数据包处理器在逻辑上是一个独立的代理。它的主要职责是代表相应的内核代理有效地管理队列。 41

队列被定义为包含可见部分和不可见部分的半透明对象。可见部分包括队列的类型、特性和属性。不可见部分包含读 / 写索引。队列的类型可以是单生产者或多生产者。HSA 运行时为所有类型的队列定义一个枚举器 hsa_queue_type_t。队列可以是内核调度或代理调度。内核队列用于将内核分派给代理，而代理队列则用于派遣内置函数给代理。HSA 运行时为队列的特征定义一个枚举器 hsa_queue_feature_t。队列的属性包括类型、特征、基地址、门铃信号、大小和标识符。HSA 运行时为队列的属性定义了一个数据结构 hsa_queue_t。就用户代码而言，队列是只读数据结构。用户代码直接将值写入队列结构会导致未定义的行为。但是，HSA 代理可以直接修改基地址指向的缓冲区的内容。它们还可以使用 HSA 运行时例程来访问门铃信号或代理程序调度队列。

为队列定义的操作包括分配队列、销毁队列、停用队列以及管理队列读 / 写索引。HSA 运行时定义了例程 hsa_queue_create 来分配一个 HSA 队列；例程 hsa_queue_destroy 来销毁一个 HSA 队列；例程 hsa_queue_inactive 将队列更改为非活动状态。失活和销毁之间的区别在于对销毁队列的任何操作都是无效的，但对于不活动的队列是有效的。队列的读 / 写索引不能直接暴露给用户代码。相反，用户代码只能通过使用专用的 HSA 运行时例程来访问队列读 / 写索引。HSA 运行时定义了读 / 写索引操作组合的例程，包括加载、存储、添加、CAS 和内存顺序。例如，hsa_queue_store_write_index_release 是通过释放内存顺序（store-write-index-release）为给定索引分配给定值的例程。

4.2.6 体系结构排队语言

体系结构排队语言（AQL）为调度代理命令提供了一个标准的二进制接口。AQL 允许 HSA 代理构建和排队它们自己的命令包，从而实现快速、低功耗的调度。AQL 还为内核代理队列提交提供支持。AQL 数据包是一种用户模式缓冲区，具有编码一个命令的特定格式。HSA 运行时不提供任何创建、销毁或操纵 AQL 数据包的例程。相反，应用程序使用用户级分配器（例如，malloc）来创建数据包，并执行常规的内存操作来访问数据包的内容。应用程序不需要明确地为数据包保留内存空间，因为队列中已经包含了一个可以写入 AQL 数据包的命令缓冲区。 42

在 HSA 平台系统体系结构规范中，有六种类型的 AQL 包：

- 内核调度包

- 代理调度包
- 屏障 – 与数据包
- 屏障 – 或数据包
- 供应商特定的数据包
- 无效的数据包

HSA 运行时使用枚举器 `hsa_packet_type_t` 来枚举所有类型的 AQL 数据包；数据结构 `hsa_kernel_dispatch_packet_t` 用于定义内核调度包的格式；数据结构 `hsa_agent_dispatch_packet_t` 用于定义代理调度包的格式；数据结构 `hsa_barrier_add_packet_t` 用于定义屏障 – 与数据包的格式；数据结构 `hsa_barrier_or_packet_t` 用于屏障 – 或数据包的格式。所有数据包格式共享一个共同的头文件 `hsa_packet_header_t`，它描述了它们的类型、屏障位（强制数据包处理器按顺序完成数据包）和其他属性。应用程序使用内核调度包将内核提交给内核代理；它使用代理程序调度包在 HSA 代理程序中启动内置函数。

屏障 – 与数据包允许应用程序指定最多五个信号相关性，并要求数据包处理器在执行之前解决这些相关性。数据包处理器将不会在该队列中启动任何数据包，直到屏障 – 与数据包完成。在屏障 – 与数据包启动之后，当观测到所有的相关信号的值为 0 时，屏障 – 与数据包就完成了。屏障 – 或数据包类似于屏障 – 与数据包，但是当数据包处理器观察到任何相关信号具有值 0 时，它就完成了。

供应商特定数据包的数据包格式是供应商定义的。数据包处理器针对特定于供应商的数据包的行为是特定于实现的，但不得导致特权升级或突破流程上下文。所有队列条目的数据包格式在队列初始化时设置为无效。每当读取队列条目时，将其数据包格式设置为无效，并且增加队列的读取索引。

数据包提交后，可能处于以下五种状态之一：*排队*、*启动*、*活动*、*完成*或*错误*。如果数据包处理器尚未开始解析数据包，则数据包处于*排队*状态。如果数据包正在被解析，数据包处于*启动*状态，但尚未开始执行。如果数据包的执行已经开始，则数据包处于*活动*状态。如果内存释放栅栏与头文件中释放栅栏范围字段所指示的范围一起应用，并且完成信号（如果存在）递减，则数据包处于*完成*状态。如果在启动或活动阶段遇到错误，数据包将处于*错误*状态。当数据包进入错误状态时，不会有更多的数据包从队列中启动。队列无法恢复。它只能被禁用（如果它被许多进程共享）或被销毁（如果它不被其他进程共享）。图 4.3 显示了数据包状态图。

43

HSA 运行时为启动阶段定义了两个错误代码，为活动阶段定义了一个错误代码。对于启动阶段，错误代码 `HSA_STATUS_ERROR_INVALID_PACKET_FORMAT` 用于通知用户存在格式不正确的 AQL 数据包。错误代码 `HSA_STAUS_ERROR_OUT_OF_RESOURCES` 用于通知用户系统不能为数据包分配足够的资源。对于活动阶段，错误代码 `HSA_STATUS_ERROR_EXECPTION` 用于通知用户执行内核期间触发了 HSAIL 异常。例如，除以零。有五种类型的异常，有关更多信息请参阅硬件异常的 HSA PRM 部分。

4.2.7 内存

HSA 运行时的一个重要功能是为 HSA 代理提供内存管理服务。HSA 内存区域（或简称为区域）代表可由 HSA 代理直接访问的虚拟内存块。它揭示了有关虚拟内存块的特性以及如何从特定的 HSA 代理访问它。HSA 内存区域分为四个不同的部分：全局、只读、组和私有。HSA 运行时为区域声明定义一个区域对象 hsa_region_t，为区域可以关联的所有可能的分区定义一个枚举器 hsa_region_segment_t，为与区域相关联的所有属性定义一个枚举器 hsa_region_info_t。一个区域可能与多个代理相关联。HSA 运行时为应用程序定义一个例程 hsa_agent_iterate_regions，以检查与代理关联的一组区域。它还为应用程序定义了一个例程 hsa_region_get_info，以获取区域属性的当前值。

全局段用于内存所有 HSA 代理可访问的数据。与全局段相关的区域分为两类：细粒度和粗粒度。在 HSA 运行时例程之外分配的内存（例如，C 语言 malloc 例程）仅在系统中支持完整配置文件的那些代理被认为是细粒度的。如果通过 malloc 分配的细粒度内存被内核代理访问，则鼓励用户事先使用 HSA 运行时例程 hsa_memory_register 来注册相应的地址范围。注册缓冲区向 HSA 运行时指示内存可能在不久的将来被内核代理访问。注册是一个性能提示，它允许 HSA 运行时实现知道哪些缓冲区将被某些内核代理访问，并提前做相应的优化。在具有完全配置文件支持的内核代理上运行的内核可以访问任何常规主机指针，而注册的缓冲区可以提高访问性能。在仅支持基本配置文件的代理中，细粒度语义被限制为使用 HSA 运行时例程 hsa_memory_allocate 分配的缓冲区，hsa_memory_allocate 用于在全局段和只读段中分配内存。用户只能使用从细粒度区域分配的内存将参数传递给内核。细粒度的内存可以被系统中的所有 HSA 代理同时访问（根据 HSA 内存模型的条款）。粗粒度内存也可以被许多 HSA 代理访问，但是在任何时间点只有一个代理。HSA 运行时为应用程序定义一个例程 hsa_memory_assign_agent，以明确地将缓冲区的所有权分配给特定的代理程序。

44

只读段用于存储常量信息。只读缓冲区的内容可以通过使用 HSA 运行时例程 hsa_memory_copy 来初始化或更改。与只读段相关的区域对于内核代理是私有的。在一个内核调度包中传递一个与一个代理相关的只读缓冲区，这个调度包由一个不同的代理调度执行，从而导致不确定的行为。内核代理只允许对驻留在自己的只读段中的变量的地址执行读取操作。只读段的内容在应用程序的整个生命周期内都是持久的。

组段用于存储由同一个工作组中的所有工作项共享的信息。组内存中的变量可以由与其关联的同一工作组中的任何工作项读取和写入，但不能由其他工作组中的工作项或其他代理程序读取和写入。组内存在内核调度工作组中的工作项执行期间处于活动状态，并且在工作组开始执行时未初始化。

专用段用于存储工作项的本地信息。专用内存仅对内核调度的单个工作项可见。私有内存中的变量只能由与其关联的工作项读取和写入，而不能由其他工作项或代理程序读取和写入。私有内存在与其关联的工作项的执行中是持续的，并且在工作项开始执行时未被初始化。

组段和专用段中的内存使用情况与全局段和只读段类似。每个内核代理都显示一个组区域和一个私有区域。但是，用户不能使用 hsa_memory_allocate 在这些区域中显式分配内存，也不能使用 hsa_memory_ copy 将任何内容复制到这些区域中。另一方面，用户必须通过在内核调度包中填入 group_segment_size 和 private_segment_size 字段来指定需要为特定内核执行分配的组和私有内存量。组和私有内存的实际分配在内核开始执行之前自动发生。

4.2.8 代码对象和可执行文件

当内核调度包入队时，必须指定一个内核对象。内核对象是要执行的机器代码的句柄。内核对象的创建由两个阶段组成。在第一阶段，内核源代码被编译或最终化到一个称为代码对象的目标机器特定表示。在第二阶段，代码对象被加载到一个名为可执行文件的 HSA 运行时对象中。

45

HSA 运行时定义了数据结构 `hsa_code_object_t` 和 `hsa_executable_t` 分别表示代码对象句柄和可执行句柄。内核对象可以通过使用 HSA 运行时例程 `hsa_executable_get_symbol`、`hsa_executable_iterate_symbols` 和 `hsa_executable_symbol_get_info` 对可执行对象执行查询来获得。图 4.4 显示了从代码对象中检索一个内核对象句柄的流程。流程由以下步骤组成：

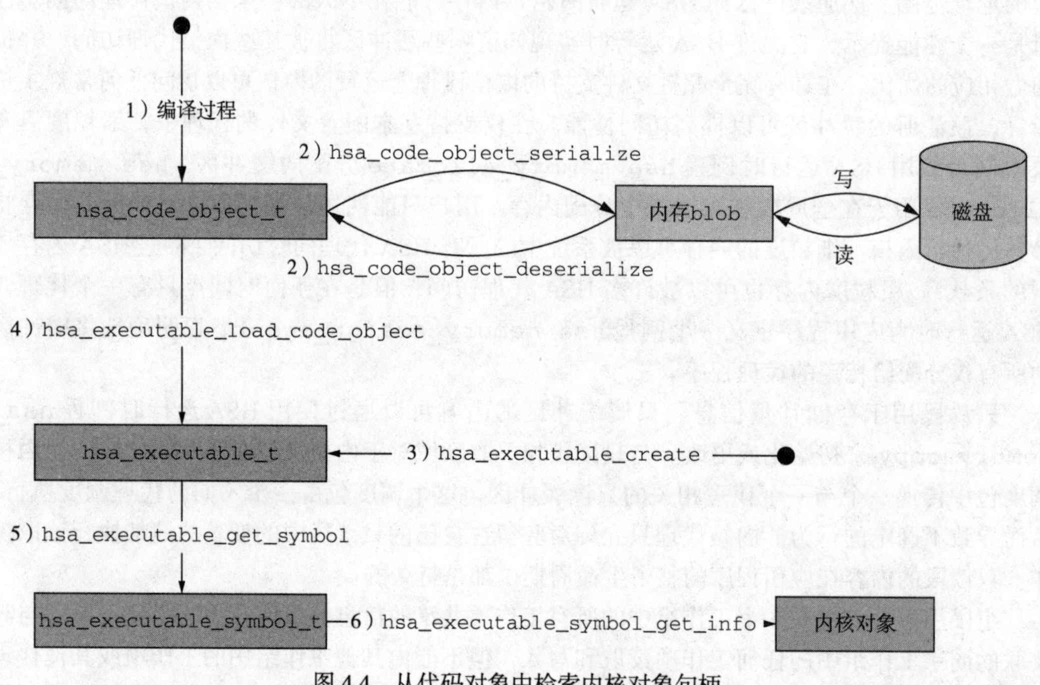

图 4.4　从代码对象中检索内核对象句柄

1）代码对象生成步骤：在这一步中，一个程序被编译成一个或多个包含要执行的内核的 HSAIL 模块。HSA 运行时提供 HSAIL 终止化扩展例程（将在 4.3.1 节中讨论），以供用户创建 HSAIL 模块并将其终止化为目标机器代码对象。换句话说，这使用户能够创建一个代码对象。代码对象句柄（`hsa_code_object_t`）是包含一组内核和间接函数的代码的目标机器特定表示。这一步的细节将在 4.3.1 节中给出。

2）代码对象序列化 / 反序列化步骤：这一步使应用程序能够读取离线编译过程中生成的代码对象，或者写出步骤 1 中生成的代码对象以备后用。HSA 运行时提供例程 `hsa_code_object_serialize` 和 `hsa_code_object_deserialize`，以便应用程序分别执行代码对象序列化和反序列化操作。每个代码对象与多个符号（`hsa_code_symbol_t`）相关联，每个符号表示原始源程序中的变量、内核或间接函数。

3）可执行句柄生成步骤：在这一步中，通过调用 HSA 运行时例程 `hsa_executable_create` 创建类型为 `hsa_executable_t` 的空可执行句柄。HSA 运行时将使用可

46

执行句柄来加载一组可能与不同目标机器相关的代码对象句柄。

4）代码对象加载步骤：在这一步中，可以通过调用 HSA 运行时例程 hsa_executable_load_code_object 将代码对象添加（或加载）到可执行句柄。

5）检索可执行符号的步骤：在这一步中，可以通过调用 HSA 运行时例程 hsa_executable_get_symbol 来检索与给定内核和代理对应的可执行符号。表示内核的可执行符号公开了属性 HSA_EXECUTABLE_SYMBOL_INFO_KERNEL_OBJECT，它是最终用于启动内核的机器代码的句柄。

6）检索内核对象步骤：在这一步中，可以通过调用 HSA 运行时例程 hsa_executable_symbol_get_info 来检索与可执行符号关联的内核对象句柄。

4.3 HSA 运行时扩展

虽然 HSA 运行时扩展 API 不是兼容实现的必需部分，但供应商可能会支持 HSA 认可的扩展。本节将详细描述两个 HSA 认可的扩展——HSAIL 终止化和图像。

4.3.1 HSAIL 终止化

HSAIL 终止化例程的目的是在运行期间将一组二进制格式的 HSAIL 模块（BRIG）完成到目标机器特定的代码。目标机器代码被表示为一个代码对象，如 4.2.8 节所述。图 4.5 显示了这样一个终止化流程，包含以下步骤：

1）源编译步骤：在此步骤中，一个程序被编译成一个或多个 HSAIL 模块。其中一个 HSAIL 模块包含感兴趣的内核。此步骤在 HSA 运行时间之外执行。第 7 章给出了 C++ AMP 编译步骤的一个例子。

2）HSAIL 程序句柄创建步骤：在此步骤中，通过调用 HSAIL 终止化例程 hsa_ext_program_create 创建一个类型为 hsa_ext_program_t 的空 HSAIL 程序句柄。

3）HSAIL 模块插入步骤：在此步骤中，通过使用 HSAIL 终止化例程 hsa_ext_program_add_module 将 HSAIL 模块添加到在步骤 2 中创建的 HSAIL 程序句柄。

4）HSAIL 终止化步骤：在将所有 HSAIL 模块添加到相应的 HSA 程序句柄后，HSAIL 程序可以通过使用 HSAIL 终止化例程 hsa_ext_program_finalize（其创建代码对象句柄）来完成。代码对象句柄可以被序列化到磁盘（离线编译），或者进一步处理以便启动（在线编译）。进一步的情况见 4.2.8 节的图 4.4。 47

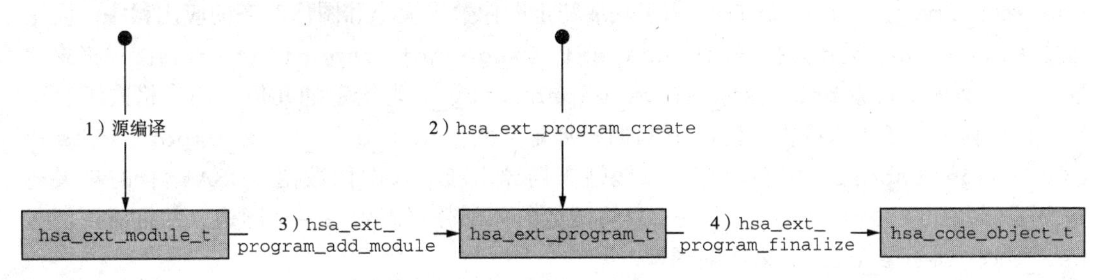

图 4.5　从源代码到代码对象

4.3.2 图像和采样器

图片映像（或简称图像）是由 HSA 兼容平台提供的一项功能。此功能使 HSA 应用软件能够定义和使用图像对象。在 HSA 运行时，图像对象被定义为一个不透明的 64 位图像句柄（hsa_ext_image_t），它可以分别由 HSA 运行时扩展例程 hsa_ext_image_create 和 hsa_ext_image_destory 创建和销毁。图像句柄引用内存中的图像数据，并存储关于资源布局和其他属性的信息。图 4.6 显示了图像资源布局的例子。图 4.6a 显示了带有 UNORM_INT_8（标准化的无符号 8 位）通道类型和 RGBA 通道顺序的图像资源布局。图 4.6b 显示了具有 UNORM_SHORT_565 通道类型和 RGB 通道顺序的图像资源布局。在图 4.6a 中，R、G、B 或 A 颜色的值由一个字节（8 位）表示。对于图 4.6b 所示的通道类型，R、G 或 B 颜色的值分别由 5 位、6 位或 5 位表示。HSA 将图像数据的存储和如何解释该数据的描述分开。这使应用程序可以更有效地控制图像数据存储的位置并管理内存。

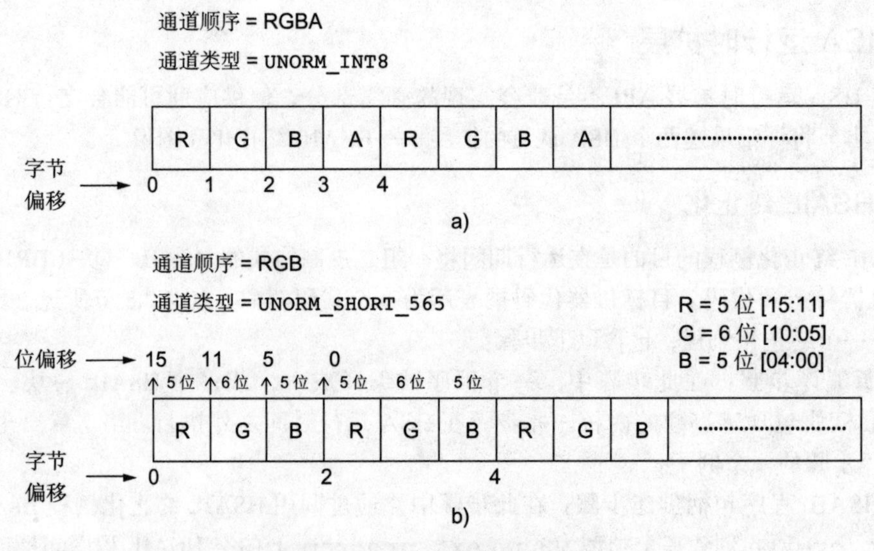

48

图 4.6 内存中的图像布局示例

为了描述图像对象，HSA 运行时扩展为 HSA 中允许的图像尺寸定义了一个枚举器 hsa_ext_geometry_t、一个描述通道顺序（例如，RGB、sRGBA、ARGB）和通道类型（例如，UNORM_SHORT_565、UNORM_INT8、UNORM_INT16）的图像格式的类型为 hsa_ext_image_format_t 的数据结构以及用于描述图像尺寸、图像数据大小和图像格式的类型为 hsa_ext_image_descriptor_t 的数据结构。HSA 运行时扩展提供了一个例程 hsa_ext_image_ get_info，用于获取特定图像数据大小和图像对齐的应用程序。应用程序可以通过 HSA 运行时扩展例程 hsa_ext_image_get_capability 获得图像格式功能。这个例程将检索 hsa_ext_image_capability_t 为给定的几何和图像格式组合所定义的功能。对于图像操作，HSA 运行时扩展定义例程 hsa_ext_i_ex_export 和 hsa_ext_image_import，以在内存中以线性布局导出和导入图像数据。HSA 运行时扩展还定义了例程 hsa_ext_image_copy 以将图像的一部分复制到另一个图像，并且使用例程 hsa_ext_image_clear 来清除图像。

正如我们之前提到的，HSA 将图像数据的存储和如何解释数据的描述分离开来。采样器提供图像数据解释的信息。在创建采样器句柄时，必须指定采样器的坐标模式、坐标寻址模式和坐标过滤器模式。采样器坐标模式指定图像坐标是否被标准化。采样器坐标寻址模式指定如何处理超出范围的图像坐标。采样器坐标过滤器模式指定如何对图像元素（最接近或线性）执行过滤。使用采样器手柄，可以将图像数据的坐标模式、寻址模式和过滤器模式传递给内核。HSA 运行时扩展使用类型为 hsa_ext_sampler_descriptor_t 的数据结构来定义采样器；枚举器 hsa_ ext_sampler_coordinate_mode_t 枚举采样器的坐标模式；枚举器 hsa_ext_sampler_addressing_mode_t 枚举采样器的寻址模式；枚举器 hsa_ext_sampler_filter_mode_t 枚举样本的过滤器模式；例程 hsa_ext_sampler_create 创建一个采样器句柄；以及例程 hsa_ext_sampler destory 破坏采样器的句柄。

图像句柄和采样器句柄由图像指令使用，例如《HSA 程序员参考手册》中定义的 rdimage、ldimage 和 stimage。rdimage 指令使用坐标、图像句柄和采样器句柄来引用图像，并从参考图像中加载通道数据值，如红色、绿色、蓝色和 Alpha。当 rdimage 提供的坐标超出范围时，rdimage 参考采样器句柄，并根据坐标模式设置、坐标寻址模式设置和坐标过滤器模式设置确定如何定义通道数据值。ldimage 指令也使用图像句柄来引用图像并加载通道数据值。但是，ldimage 指令的源操作数没有采样器句柄。当为 ldimage 提供的坐标超出范围时，ldimage 的行为是不确定的。stimage 指令使用图像句柄以及坐标来引用图像并将通道数据值存回图像。由于 stimage 指令的源操作数没有采样器句柄，所以当为 stimage 提供的坐标超出范围时，stimage 的行为也是不确定的。有关图像指令的更多规范可以在《HSA 程序员参考手册》中找到。　49

在图 4.7 中，给出了采用非归一化坐标模式、clamp_to_edge 寻址模式和最近过滤器模式的采样器解释示例。在这个例子中，我们假设图像边界（黑色粗线）位于索引 2 和索引 3 之间。在 clamp_to_edge 寻址模式的效果下，图像将重复出界值（20 或 10）以获得出界坐标。

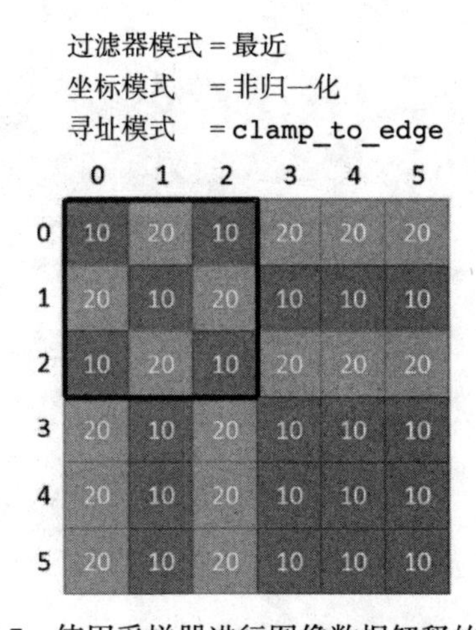

图 4.7　使用采样器进行图像数据解释的示例

4.4　小结

在本章中，我们描述了一些 HSA 核心运行时例程和数据类型，这些例程和数据类型被设计用来支持 HSA 系统平台体系结构规范所要求的操作，并对相应的 HSA 代理启动内核执行。还讨论了与 HSAIL 终止化和图像相关的一些经 HSA 认可的运行时扩展例程。本章的目的是为读者提供理解 HSA 运行时 API 的概念基础。读者应该参考 HSA 运行时规范了解核　50

心和扩展功能的细节。此外，HSA供应商可以在其系统中提供特定于供应商的HSA运行时扩展。读者可以参考供应商文档了解这种特定于供应商的扩展的详细信息。在HSA基础的github中，有一个用C和HSA运行时编写的向量添加示例。

参考文献

[1] HSA Platform System Architecture Specification.
[2] HSA Programmer's Reference Manual: HSAIL Virtual ISA and Programming Model, Compiler Writer, and Object Format.
[3] HSA Runtime Programmer's Reference Manual.
[4] J.-H. Ding, B.-C. Jeng, S.-H. Hung, W.-C. Hsu, Y.-C. Chung, HSAemu – a full system emulator for HSA platforms, in: Proceedings of ACM International Conference on Hardware/Software Codesign and System Synthesis (CODES+ISSS), Article 26, 2014.

51~52

HSA内存模型

L. Howes*, D. Hower†, B.R. Gaster‡
高通，美国加利福尼亚州圣克拉拉市*；高通，美国北卡罗来纳州罗利－达勒姆†；
西英格兰大学，英国布里斯托尔‡

5.1 引言

并行编程是一个众所周知的难题。在并行共享内存环境中，独立的控制线程可以竞相修改单个位置。为了确保程序以可预测的方式运行，程序员必须使用同步来控制这些竞争。例如，程序员可以使用锁定原语来实现代码的关键部分周围的互斥。

“内存一致性模型”或“内存模型”定义了并行代理之间通信的基本规则。当这些规则含糊不清地定义或者更糟的是完全不存在的时候，困难的任务变得更加困难。事实上，如果没有明确定义的内存模型，编写正确的、可移植的代码通常是不可能的。

为了更具体地理解这个问题，我们来看一个关键部分的简单例子。在语法中，我们用 `{{{` 和 `}}}` 来绑定程序员编写的顺序，用 `|` 划分同时发生的一系列操作。

对共享变量 `a` 的简单锁定可能如下所示：

```
{{{
    acquire lock;
    temp = a;
    temp = temp + 1;
    a = temp;
    release lock;
}}}
|
{{{
    acquire lock;
    temp = a;
    temp = temp + 1;
    a = temp;
    release lock;
}}}
```

在这个例子中，两个并发任务增加 `a`。我们已经把 `a` 的增量分成了三个操作，以提醒我们这个操作可以任意交错。锁定在关键部分周围是必需的，这样只有两个并发任务中的一个在任何时间点都主动增加 `a`。

抽象地说，这样一个序列比较容易理解。但是，在这些锁实体的底层，我们必须访问内存。因此，我们使用一个名为 `lock` 的变量，它在内存中的初始值为零。

```
{{{
   while(compare-and-set(lock, 1)==0);
   temp = a;
   temp = temp + 1;
   a = temp;
   lock = 0;
}}}
|
{{{
   while(compare-and-set(lock, 1) = =0);
   temp = a;
   temp = temp + 1;
   a = temp;
   lock = 0;
}}}
```

在这个例子中，任务在锁变量上旋转原子更新序列。当一个任务设法自动观察到锁是0，然后将锁设置为1时它停止旋转。否则，该任务将继续旋转，因为它被阻止。这取决于第一个任务的更新。在关键部分结束时，我们将锁更新为0以释放锁并让其他任务继续。

为确保此代码正常工作，我们需要确保在锁的值返回到零之前，对 **a** 的更新已经完成。或者换句话说，第二个任务必须以第一个任务所期望的相同顺序来观察内存操作。这样的顺序保证（从一个任务到另一个）由内存一致性模型提供。

虽然看起来很明显，任何并行平台都应该提供这样的命令保证，但情况并非总是如此。例如，直到2011年，C和C++才有定义明确的内存模型。在此之前，实现依赖于编译器特定的操作或者甚至特定于目标的操作来对内存进行排序。因此，编写可移植代码非常困难。

早期的异构编程模型也采取了类似的路径；第一个可用的平台没有指定一个内存模型。早期的采用者不得不依靠语言和硬件实现的知识来创建代理间通信的代码。当在编程或编译过程中目标未知时，这种目标和实现特定的方法显然是不切实际的，正如可移植标准编程模型（如HSA）中的情况一样。

54

对于HSA，我们定义了一个中间层：一个高级编译器和运行时应该用作一系列硬件的可移植接口的目标。在这个模型中，至关重要的是这个中间层向上面的层提供一个契约来保证它们可以安全地运行。这一层的实现也必须满足它们所绑定的要求。

为此，HSA包含一个定义明确、功能强大的内存模型。在本章的剩余部分中，我们将讨论HSA内存模型提供的功能以及原因。

5.2 HSA内存结构

所有编写其他异构编程模型的人都希望HSA的内存组织能够高效地支持GPU。它旨在使高性能算法能够以最少的通信量高效运行，而不会产生不必要的硬件成本或复杂性，同时为更苛刻的算法提供强大的内存排序保证。

HSA内存组织可以被看作是在单个地址空间内排列的一组内存区域。每个区域的重要性和性质略有不同。这些策略的变体与5.3节中讨论的一些内存模型特性相结合，使得工具和硬件能够有效地将应用程序映射到HSA工具链可用的目标硬件范围。另外，多个段可以使用相同的地址范围但是地址完全分开的物理内存位置。编译器根据它生成的访问位置的指令区分这些段和物理地址。

5.2.1 分段

HSA 内存的概念分布在七个不同的段。其中一些段与开发者相关，并可能在更高层次的工具链（如 OpenCL）中公开。其他人则通过 HSA 中间语言和高级编译器来维护内部信息。

HSA 中可用的段是：

- 全局
- 只读
- 组
- 私有
- 内核参数（kernarg）
- 溢出
- 参数（arg）

其中的前四个通常由程序员直接控制。

全局代表大量内存，这些内存在给定设备上运行的所有工作项之间或跨多个设备共享，具体取决于特定内存分配的可见性。只读与之相似，因为它被分配用于所有工作项的共享访问。不同之处在于，只读分配正如名字所暗示的，在设备上只能用于读操作。为了实现这个目的，把这些信息放在中间语言级别是非常重要的。这是因为一些设备能够使用专门的常量缓冲区以比一般缓存机制更高的性能或更低的功耗访问只读内存。通过将这个地址空间作为核心 HSA 特性公开，编译器可以生成特殊的指令来有效地完成这个任务。

55

组内存和私有内存有特殊的可见性规则。

组分配在给定工作组中的工作项之间共享，并且具有在工作组启动时开始并在工作组完成执行时结束的生命周期。这与一些传统编程语言中的线程本地存储的概念类似。允许组分配将相同的虚拟地址映射到不同工作组中的不同物理位置，当从另一个工作组访问时，使得在工作组之间传递的用于对内存进行分组的地址可以表示不同的数据或者无效的地址。因此，程序员应避免将组分配段中的对象的地址从一个工作组传递到另一个工作组。

私有内存具有与组内存相似的属性，但其生存期和可寻址性是针对单个工作项的。将指针传递给工作项之间的私有位置没有定义的语义。此外，私有内存中的数据布局是依赖于实现的，以便实现私有内存的灵活性。例如，两个连续的私有字可能会根据实现波前的大小划分到物理内存中，以支持在私有位置合并向量内存操作。私有变量也可以很容易地由终止器提升到寄存器中，因为它们的语义要求它们不被共享。因此，不需要进一步的分析。

最后的三个 HSA 内存段支持定义编译为 HSAIL 的 HSA 程序的底层 ABI。

内核参数内存代表了内核参数的集合，执行时视其为只读，并可能由运行时复制到单独的常量内存，以使它们高效可见地调度所有工作项。

溢出内存是高级编译器可以通过它分配到 HSAIL 寄存器并与终止器通信的任何寄存器，它不能或不想分配为 HSAIL 寄存器，这样内存不会泄露。终止器可以区分表示注册表溢出（即不在工作项之间共享的暂态内存操作）以及可能共享或具有较长生命周期的其他内存操作，以优化结果代码。溢出内存通过 HSA 运行时不可见。出于内存分配的目的，它被分类为私有内存。

最后，参数内存表示用于将函数参数传递到调用函数的位置。参数内存与终止器通信，该位置的生命周期特定于调用/返回过程，因此允许以各种方式进行分配，这取决于设备的基础 ABI。这与内核参数内存不同，在内核执行过程中，位置是活的。

56

5.2.2　平面寻址

为了便于使用，并且使高级语言的编译过程变得更加简单，HSAIL 的输入不会使地址空间显式化，HSA 内存模型支持平面地址空间。平面地址空间允许通过地址空间中的实现定义的划分区域来寻址全局、组和私有地址空间中的所有位置。我们可以在图 5.1 中看到这一点。因此，虽然各个地址空间可以重新使用地址，使得本地地址空间中的地址 0 和全局地址空间中的地址 0 映射到不同的位置，但是平面地址空间将其组成地址空间映射到单个 32 位或 64 位虚拟地址空间。这样做的好处是高级语言中的指针可以重用以映射到不同的段。因此，函数可以重用并应用于来自任何有效段的指针，而不用改变。

HSAIL 代码中任何给定的操作都明确指出它的源地址空间是什么。如果操作从平面地址空间获取数据，则终止器生成转换操作或硬件必须检查操作在哪个子范围内以及是否是组或私有位置。如果值非空，操作或硬件必须通过减去值不为 `null` 的段偏移量重定向到该段，或者如果该值为空，则转换为段特定的空值。

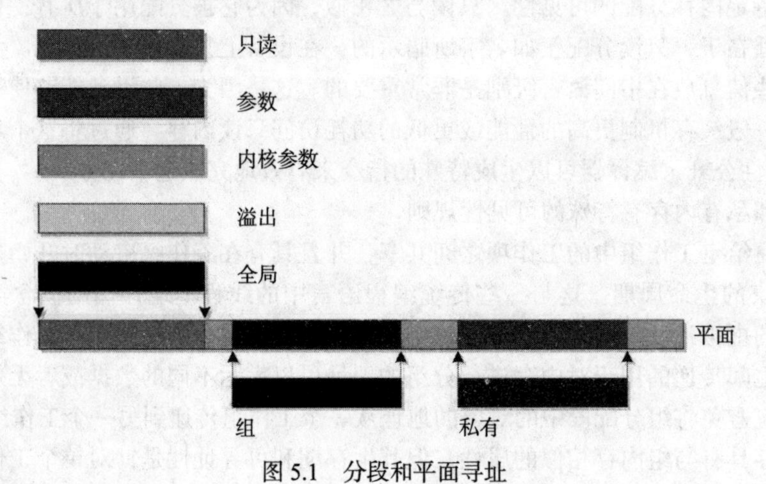

图 5.1　分段和平面寻址

5.2.3　共享虚拟寻址

HSA 设计的核心功能是共享虚拟内存。共享虚拟内存最基本的部分是在设备之间共享虚拟地址的能力。所有 HSA 设备和主机进程都需要能够通过内存传递地址。这些地址必须由系统中的所有设备以相同的方式解释。这使得应用程序的可移植性、灵活性和数据结构实现的简单性成为可能。通过避免副本和布局变化，它也提高了效率。

57

共享虚拟地址允许包含指针的数据结构在 HSA 设备之间传递。它还允许将指针存储在内存中，而不需要将其转换为缓冲区偏移量。

共享虚拟地址不一定需要内存一致性。然而，从包含指针的数据结构到包含可以直接更新指针的数据结构的转换是 5.3 节中讨论的一小步。这一步使修改立即对其他设备可见。

即使没有一致性，共享虚拟地址也会导致性能上的好处。在较早的系统中，如果不能在设备之间使用相同的虚拟地址，内存可能会在传递到设备时改变地址。主 CPU 上的内存分配将被复制到 GPU 的分立内存中。物理位置不仅会改变，而且所指的虚拟地址范围也会改变。指向这个分配中的位置的任何存储的指针将不再有效。

要解决这个问题，指针在单个内存分配中被转换为偏移量。由此产生的基地 + 偏移地址方案只能轻易地指向一个单一的分配。这意味着应用程序的重大重构以及可能大量的运行时数据重排对于将数据结构按照在主机和加速器设备上有效的形式管理是必要的。共享虚拟地址允许代码变得更简单，需要更少的数据转换。

在 HSA 中，虚拟地址的大小可以是 32 位或 64 位（只有 48 位可用），具体取决于平台和编译代码的内存模型。要求 HSA 设备的地址空间与主机的地址空间相匹配。另外，虚拟地址空间的一部分由 HSA 系统软件划分出来，以将平面地址表示成 HSA 设备上的私有或组内存。虚拟内存还必须满足通常的保护机制，以确保数据与不同进程的分离。

5.2.4 所有权

完整配置文件中的 HSA 设备可以访问所有系统内存，但 HSA 运行时软件提供的分配器可以创建 HSA 设备能更高效访问的内存区域。HSA 运行时提供了分配功能来控制可以与 HSA 设备共享的内存区域，而基本配置的 HSA 设备则需要支持这样做。

这些运行时控制的分配中的一些可以以粗粒度的形式分配。粗粒度分配是共享虚拟寻址的内存分配，但不要求一致性。它们的存在有两个主要原因。

58

- 即使在共享虚拟内存和完全控制内存一致性的世界中，离散加速器依然存在。在这样的设备上，使每一个设备一致的操作可能会非常昂贵，因为设备可以通过非常低的带宽或高延迟互连连接到主机。
- 其次是降低功耗。预计 HSA 将得到来自高端 HPC、低端移动和嵌入式设备等众多细分市场的设备的支持。在功耗非常低的设备上，即使是片上加速器，内存一致性也变得非常昂贵。细粒度内存一致性系统的额外探测或缓存刷新流量会消耗功率。

为了支持这些优化，粗粒度内存允许在一段时间内将一致性限制在特定的设备上。我们称之为边界所有权。全局段中的地址范围可能会在特定设备上绑定一段时间。在这种情况下，它们通过运行时 API 调用进行控制，使得只有该设备可以访问地址范围。这些调用为驱动程序控制提供了更新虚拟内存系统、关闭页面级别的一致性、将数据迁移到新的物理位置以及更新虚拟内存映射或其组合的机会。当地址范围由给定设备拥有时，其内存一致性属性会改变，这在 5.4.2 节中讨论。

5.2.5 图像内存

HSA 内存模型的最终内存组件是图像。图像占据一个奇怪的位置。它们不适合 HSA 的核心一致性共享虚拟内存模型，因此不需要 HSA 平台和设备的支持。但是，由于固定功能图像硬件提供了先进的过滤、边界条件和压缩功能，图像是 GPU 性能的基本组成部分。当 HSA 内核运行在 GPU 设备上，并将数据传递给 OpenGL、DirectX 或其他相关 API 编写的渲染作业或从中获取数据时，图像特别重要。这些 API 使用图像或纹理作为基本构建块。

应该将图像数据视为独立于 HSA 内存模型的其他基础，除了可见性由 HSA 队列和运行时 API 调用中的 `fence` 数据包控制。

5.3 HSA 内存一致性基础

HSA 具有定义良好的内存一致性模型，描述共享虚拟地址空间中内存操作的语义。

HSA内存一致性模型定义了在给定HSA程序和输入的情况下可以通过加载操作观察到的值。程序和系统之间的约定显示了如何编写正确的HSA程序，如何实现正确的终止器优化，以及如何构建正确的符合HSA标准的硬件。

59

HSA内存一致性模型有两个同样有效的视图。首先，有一个简单的观点，即只考虑HSA程序的“顺序一致”执行（定义如下）。这个简化的视图是本节的重点，也是大多数HSA用户需要的唯一理解。其次，还可以将内存一致性模型视为执行中的部分命令的复杂组合。这个更复杂的观点在5.4节中略述，对于理解HSA“松弛原子”操作的语义是必要的，这可以在有限的情况下提高性能或减少执行能量。在没有松弛原子的情况下，这两种观点是可以证实的[1]。

在本节的其余部分中，我们将逐步介绍HSA内存模型的功能。首先，我们给出了顺序一致性和无竞争内存模型的必要背景，因为HSA建立在这两个概念之上。其次，我们在简单情况下（即当所有同步只应用一个“内存范围”时）描述HSA内存模型。内存作用域是像HSA这样的异构平台的特点，在某些情况下限制了同步的开销。最后，我们展示程序员如何使用内存范围来提高性能或减少HSA执行的能量。我们特别关注如何编写与不同内存作用域同步的正确程序。

5.3.1　背景：顺序一致性

大多数内存一致性模型（包括HSA）在单个执行单元、线程或代理内保留顺序语义。如果内存操作（加载、存储或读取－修改－写入）O_1发生在代理程序A上的内存操作O_2之前，则O_1的作用将对O_2可见。然而，内存模型在它们如何允许来自不同执行单元的内存操作相互交错方面差别很大。这些模型中最直观的称为顺序一致性。

顺序一致性保证了在任何有效的执行过程中都有一个全局可观察的加载、内存和读取－修改－写入操作的交错。得此名称是因为整个程序看起来好像是一个简单的顺序处理器，可以在多个可用线程之间进行多任务处理。图5.2显示了一个简单的并发程序顺序一致的执行。

```
一开始，全局位置 A=B=0
 {{{
i1:  A = 1;
i2:  R1 = B;
 }}}|
 {{{
i3:  B = 1;
i4:  R2 = A;
 }}}
```

有效顺序一致的结果

R1	R2	指令执行顺序示例
1	1	$i1 \to i3 \to i2 \to i4$
0	1	$i1 \to i2 \to i3 \to i4$
1	0	$i3 \to i4 \to i1 \to i2$

一个非顺序一致的结果

R1	R2	指令执行顺序示例
0	0	单一顺序不存在

图5.2　在该程序的任何顺序一致的执行中不允许结果 R1 = R2 =0

尽管顺序一致性对于程序员来说是直观的，但它也可能限制硬件或编译器可以执行的优化。例如，合并存储操作的硬件写入缓冲区（图形处理器中常见的组件）可能会导致图5.2

中的不连续一致的结果。由于局限性，大多数平台（包括 HSA）都指定了一个比顺序一致性弱的模型。

5.3.2　背景：冲突和竞争

在一次执行中，两个内存操作 C_1 和 C_2，如果它们访问同一个位置且至少有一个是写入，则“冲突”。如果 C_1 和 C_2 来自不同的线程，那么我们说 C_1 和 C_2“竞争”，因为我们不能总是知道 C_1 或 C_2 哪个会先发生。例如，在下面的程序中，我们不能确定当程序完成时位置 A 是 1 还是 2，因为我们不知道线程是怎么交错的。

```
{{{
A = 1;
}}}
|
{{{
A = 2;
}}}
```

可以根据是否“同步”来对竞争进行分类。当冲突已经同步时（例如，它们出现在受锁定保护的关键部分中），就会发生“内存竞争”。内存竞争通常是良性的，因为同步将确保它们始终以正确的顺序执行。当冲突的操作是同步原语的一部分（例如，实现上面的锁的比较和设置）时，发生“同步竞争”。同步竞争也是良性的，因为它们用于执行它们所保护的操作的顺序。

当冲突没有被同步，并且不是同步原语的一部分时，就会发生“数据竞争”。数据竞争在程序中通常是有害且无意的，因为它们导致不可预知的行为。

如果它不包含任何数据竞争，我们说执行“无数据竞争”。如果程序的所有执行都是无数据竞争的，那么程序是无数据竞争的。无数据竞争的分类对 HSA 内存模型非常重要，因为它加入了越来越多的平台，包括 C++、Java 和 OpenCL，它们在无数据竞争执行方面定义了内存一致性。

60 ~ 61

5.3.3　单一内存范围的 HSA 内存模型

HSA 一致性模型描述了如何编写一个无数据竞争的 HSA 程序，然后保证任何无数据竞争的程序都将导致顺序执行。这是 HSA 内存模型的基本租户，所以我们会再次陈述。**任何无数据竞争的 HSA 程序的执行将出现顺序一致**[⊖]。此外，任何 HSA 程序的执行都是不确定的。

一个无竞争的内存模型框架有几个优点。从用户的角度来看，程序员可以从顺序一致性的角度来推理，而这种方法大多数都是直观的。同时，由于任何包含竞争的程序都会有一个未定义的执行，所以 HSA 实现有很多优化机会（比如上面描述的写缓冲区）。

由于内存模型只定义了无数据竞争的 HSA 程序的行为，因此我们必须能够精确地定义数据竞争来编写正确的程序。为了避免数据竞争，我们必须确保一个程序有足够的同步。为了基本理解，如果在观察到的顺序一致的操作顺序中的冲突操作之间出现 HSA 同步（如下所述），则可以说顺序一致的执行中的冲突是同步的。但是，这个定义有一些细微差别，我

⊖ 只有当程序不包含松弛原子时，才能保证顺序一致的执行。这是我们在本节中没有提到的模型的高级特性。

们将在接下来的几个小节中进行描述，使非正式描述更加精确。

1. HSA 同步操作

在 HSA 中，通过原子内存操作进行同步。同步保护非原子或普通的内存操作。HSA 原子是加载、存储或读取 – 修改 – 写入[⊖]，被定义为具有特定语义的、内存范围和段的原子类型。我们在下面讨论原子语义，并在 5.3.4 节和 5.3.5 节中讨论内存范围和段。在这之前，我们将假定范例只使用全局段中具有全系统范围可见性的位置。

HSA 原子可以释放、获取或获取 – 释放语义[⊜][⊜]。所有的原子都有副作用，影响与原子相同的指令流中的其他指令如何出现在其他线程中。这些副作用的具体情况是通过原子语义来控制的。

62

通常，具有释放语义的原子可以确保在原子完成之前，原子之前的任何操作对其他线程都是可见的。换句话说，释放可以防止在程序顺序中的原子之前的早期操作在原子之后重新排序（例如，由于编译器优化而可能发生的情况）。只要程序员想要在整个系统中看到本地更新（例如，作为释放数据结构更新的解锁的一部分），就应该执行释放操作。

获取与释放相反——具有获取语义的原子确保在原子完成后，原子之后的任何操作对其他线程都可见。获取阻止在程序顺序中的原子在原子之前重新排序之后的后续操作。在消费由另一个线程产生的任何更新（例如，作为锁的一部分）之前，应该执行获取操作。

具有获取 – 释放语义的原子像获取和释放一样执行，并且禁止任何本地操作在任一方向围绕原子重新排序。下面将使用“释放”来指代具有释放或获取 – 释放语义的原子，而“获取”则是指具有获取或获取 – 释放语义的原子。

虽然上面的语义描述是有帮助的，但它们并不像我们想的那样精确。HSA 内存模型正式定义在两个工作项或线程同步之前必须发生的事情。在提供完整的定义之前，我们仍然需要更多的背景，但是我们可以通过引入配对释放 / 获取的概念来采取一些步骤。

为了同步来自两个代理的普通操作，具有释放语义的原子必须被具有获取语义的原子观察到。根据内存模型，在观察发生之前，释放和获取都没有任何副作用。例如，对于实现来说，延迟与释放相关联的任何副作用是合法的，直到释放被获取观察到，而不是释放似乎在本地完成的那一刻。

如果具有获取语义的原子观察到具有释放语义的原子产生的值，则可以直接观察到释放，如图 5.3 所示。在任何执行中，我们知道组 `X1` 区域中的所有操作都与组 `Y2` 区域中的操作同步，因为代理 `Y` 的获取将观察到代理 `X` 的释放。来自组 `X2` 和组 `Y1` 的操作不同步。如果组 `X2` 或组 `Y1` 中的任何普通操作与其他组中的另一个操作发生冲突，则该程序将包含竞争并导致不可预知的执行。

⊖ HSA 也支持没有相关位置的内存屏障操作。然而，由于屏障只有一个有形效益的松弛原子，我们推迟到 5.4 节讨论。

⊜ 对于那些熟悉 C++ 11 术语的人，HSA 使用的释放和获取的含义不同。HSA {释放，获取，获取 – 释放}类似于 C++ 原子{存储、负载，读取 – 修改 – 写入}的 `seq_cst` 内存顺序。HSA 不支持与一个 C++ 原子释放 / 获取内存顺序相同的语义的任何操作。

⊜ 还有一个松弛语义，但是因为它可能导致非顺序一致的执行，所以我们将讨论推迟到 5.4 节。

```
一开始，全局位置 L = 0
{{{Agent X
   /* Group X1 operations are synchronized with Group Y2 */
   {Group X1}
   atomic_store( L = 1, release )
   {Group X2}
}}} |
{{{Agent Y
   {Group Y1}
   while (atomic_load( L, acquire ) == 0) { /* spin */ }
   /* Group Y2 operations are synchronized with Group Y1 */
   {Group Y2}
}}}
```

图 5.3 在执行该程序时，组 X1 中的所有操作都与组 Y2 中的所有操作同步。组 X2 中的操作不与来自代理 Y 的任何操作同步。组 Y1 中的操作不与来自代理 X 的任何操作同步

2. 通过不同的地址进行传递式同步

HSA 中的同步是传递式的。如果 A 与 B 同步并且 B 与 C 同步，则 A 被认为与 C 同步，如图 5.4 所示。在示例程序中，代理程序 X 和 Z 从不直接通过同一个原子位置进行同步，但是因为两者都与中间代理程序 Y 同步，所以存储和加载到 A 不会形成竞争。

```
一开始，全局位置 A=B=L1=L2=0
{{{ Agent X
   A = 1;
   atomic_store(L1 = 1, release);
}}} |
{{{ Agent B
   while (! atomic_load(L1, acquire)) { /* spin /* };
   B = A+ 1;
   atomic_store(L2, release);
}}} |
{{{ Agent C
   while (! atomic_load(L2, acquire)) { /* spin */ };
   R1 = A;
   R2 = B;
}}}
```

图 5.4 传递式同步：在这个无数据竞争的程序末尾，寄存器 R1 = 1 且寄存器 R2 = 2

传递式同步符合程序员对通信的基本直觉。在图 5.4 的例子中，代理 Y 产生一个依赖于代理 X 的信息的结果。如果 Z 可以观察依赖于 X 的 Y 但是不能观察到 X 的信息，那将很奇怪。

3. 寻找竞争

如果顺序一致地执行包含竞争的程序，则 HSA 程序也具有竞争。为了确定一个程序是否是无竞争的，程序员必须确定所有可能的顺序一致的执行都是无竞争的。对于任何复杂程序都不可能详尽地考虑所有可能的顺序一致的执行。然而，在实践中，可以通过确定发生冲突的程序区域来管理问题，然后确保这些冲突始终保持同步。

63
~
64

例如，让我们重新回顾一下图 5.2 中的程序。该方案显然存在冲突。两个代理都可以读写这两个位置。如果这些读写操作是普通的，那么程序就没有同步，因此程序就会包含一个竞争。在 HSA 系统上运行时，结果将是不确定的。但是，如果这些读写操作使用原子操作，则冲突操作不会（按照定义）进行竞争，因此程序是无竞争的。我们不能确切地说到底会有什么结果，但我们知道这将是三个连续一致的执行之一。

如果我们假设图 5.3 中的程序在 A1、A2、B1 和 B2 组中包含许多普通的读写操作，那么它将代表一个难以通过详尽地分析顺序一致执行的程序。但是，我们可以通过整个组来轻松判断这个程序是否有竞争。A1 组和 B2 组是同步的，所以即使它们有冲突的操作，也没有竞争。A2 组和 B1 组不同步，所以我们只需要确定 A2 组或 B1 组的任何操作是否与另一组的任何操作冲突。如果答案是否定的，那么我们可以确信这个程序是无竞争的。

5.3.4 多个内存范围的 HSA 内存模型

HSA 内存模型包含一个叫作“内存范围”“同步范围”或“范围”的概念。每个 HSA 原子操作都指定一个范围。该范围将原子操作及其副作用的可见性限制为系统中工作项或主机线程的子集。在许多 HSA 设备上，特别是 GPU，范围可以帮助程序员通过共享虚拟内存快速写入且高效地进行同步。在详细阐述程序员如何使用范围之前，我们先来说一下为什么范围存在。

1. 范围动机

传统上，共享内存 CPU 系统专为低延迟、全通信而设计。这样的系统实现一致性协议，确保来自执行单元的更新自动传播到系统中的所有其他工作项或主机线程。因此，同步是轻量级的。例如，在一个高性能的 x86 系统上，全同步操作只需要刷新一些小的内部缓冲区。

另一方面，HSA 瞄准的 GPU 和其他设备主要是为了吞吐量而设计的。GPU 的许多实现都没有 CPU 风格的一致性协议，因为它相信这会降低吞吐量。相反，这些设备通过重量级缓存维护操作（如刷新和无效）进行同步。

一个特别敏感的读程序可能会想知道系统中哪些特定的缓存被刷新和失效。毕竟，在 65 HSA 系统中，可能有多级（L1、L2 等）高速缓存和一个级别内的多个实例（例如，每个计算单元具有 L1）。如果系统不知道哪些角色正在进行同步，则必须假定最坏的情况，并刷新/无效所有可能持有陈旧数据的缓存。但是，如果知道同步实体在系统中执行的位置，系统可以减少维护操作的数量。例如，如果在执行期间同步工作项共享 L1 缓存，那么当两个工作项彼此同步时，可能不需要缓存刷新/无效。这个事实是范围存在的原因。

内存范围的具体实现将有所不同，但一般来说，同步 HSA 执行层次结构中彼此较为接近的工作项或主机线程的成本较低。在同一工作组中同步两个工作项的速度会比在同一个代理程序中但工作组不同的两个工作项的速度要快。例如，前者可能只涉及小内部缓冲区的刷新，类似于 CPU 同步，而后者可能至少涉及 L1 缓存的刷新和无效。

2. HSA 范围

原子的范围是程序员的一个指示，原子只能被执行中的工作项或主机线程的子集观察到。为了获得良好的性能和低功耗，HSA 程序应该规定最小的可能范围。但是，应该注意这个最小的范围。如果程序员指定的范围小于在执行期间实际观察原子或副作用的工作项或线程集合，则该程序将包含数据竞争。由于范围的下界不正确，我们将更精确地定义 HSA 的竞争概念，但首先我们必须讨论 HSA 定义的特定范围以及范围和范围实例之间的区别。

HSA 定义了五个范围：工作项、波前、工作组、代理和系统。这些范围严格模仿 HSA 执行模式的层次结构，严格有序；工作项范围小于比工作组范围小的波前范围等。在执行期间，每个静态范围名称恰好对应于与特定的一组工作项对应的一个动态“范围实例”，或者执行中的线程。图 5.5 展示了范围如何映射到范围实例。

原子的范围	范围实例
工作项	执行原子的单个工作项
波前	与执行原子的工作项在同一波前中的所有工作项集合
工作组	与执行原子的工作项在同一工作组中的一组工作项
代理	与执行原子的工作项相同的代理（即设备）中的一组工作项
系统	HSA 系统中所有工作项和线程的集合

图 5.5　范围到范围实例的映射

如果程序中的每个原子都指定了系统范围，那么就不会有范围不足引起的竞争。这样的程序对应于迄今为止已经讨论过的 HSA 内存模型的初始描述，以及针对同构 CPU 目标的诸如 C++ 的语言。

66

3. 使用较小的范围

随着范围的增加，程序员面临着与原子操作同步使用的是哪个范围的附加选择。为了获得最佳性能，应该努力使用仍然导致无竞争执行的最小范围。我们还没有准备好从最充分的角度来定义 HSA 竞争自由，但是我们可以考虑一个简单而常见的情况，其中涉及同步的所有原子都指定相同的范围。我们称之为“直接范围同步”。

为了避免直接范围同步的竞争，原子的指定范围实例应包含参与同步的所有工作项和主机线程。为了获得最佳性能，该范围实例应该是可能的最小范围实例。

在图 5.6 中，我们展示了一个涉及两个工作项的直接范围同步的例子。如果两个工作项 `w1` 和 `w2` 属于同一个工作组，则两个原子操作都指定相同的工作组范围实例，并且该范围实例包括两个工作项。因此，我们知道这个程序是无竞争的。如果我们假设 `w1` 和 `w2` 不在同一个波前，那么指定的工作组范围实例也是可能的最小范围实例，它仍然包含 `w1` 和 `w2`。

但是，如果工作项 `w1` 和 `w2` 属于不同的工作组，那么由原子指定的范围实例也是不同的。在这种情况下，两个原子范围实例都不能同时包含 `w1` 和 `w2`。因此，程序包含一个竞争，程序的行为将是不可预知的。

直接范围同步是提高 HSA 程序性能的有力工具。对于通常在 GPU 等异构组件上运行的高度规则的数据并行应用程序，这也是一个很好的选择。然而，由于所有原子指定相同的范围实例的限制，在 HSA 目标的前瞻性系统中可能会受到限制。因此，HSA 提供了两种无竞争方式来使用指定不同范围实例的原子。第一个称为“包含式范围同步”，第二个称为“传递式范围同步”。

```
                        一开始，全局位置 A=L=0
{{{ work-item w1
   A = 1;
   atomic_store(L = 1, release, work-group);
}}} |
{{{ work-item w2
   while (! atomic_load(L, acquire, work-group)) { /* spin /* };
   R1 = A;
}}}
```

图 5.6　直接范围同步。当 `w1` 和 `w2` 在同一个工作组中时，这个程序是无竞争的

67

（1）范围包含

只要每个原子指定包含两个同步操作的范围实例，工作项或线程就可以通过原子进行同

步，而不会导致竞争。当两个范围实例不相同时，我们称之为范围包含。它的命名原因是：如果两个范围实例不是同一个，那么由于HSA定义的范围实例的严格层次结构，必须包含另一个范例实例。例如，如果一个原子指定了工作组范围，另一个指定了系统范围，那么当前一个范围实例被同一个工作组中的工作项执行时，前一个范围实例将完全包含在后一个范围实例中。

图5.7中显示了一个范围包含的例子。在本例中，如果工作项 w1 和 w2 属于同一个工作组，则原子指定包含 w1 和 w2 的包含式范围实例。工作项 w1 中的原子指定了 w1 和 w2 的共享工作组，而来自工作项 w2 的原子指定了系统中的所有工作项和线程。另一方面，如果 w1 和 w2 在不同的工作组中，则范围实例不是包含的。在这种情况下，w1 原子的范围实例不包含 w2。

```
                一开始，全局位置 A=L=0
{{{ work-item w1
   A = 1;
   atomic_store(L = 1, release, work-group);
}}} |
{{{ work-item w2
   while (! atomic_load(L, acquire, system)) { /* spin /* };
   R1 = A;
}}}
```

图5.7　包含式范围同步

（2）范围传递

在HSA中，同步总是传递的。我们已经通过不同的原子位置看到了这个传递性的例子，但是这个原理也延伸到了不同的原子范围。因此，即使工作项或线程在非包含范围实例中使用原子，也可以在不引起竞争的情况下进行同步。

在图5.8中，如果工作项 w1 和 w2 属于同一个工作组，但是工作项 w3 属于不同的工作组。然后这个例子显示了通过范围传递的同步。在这种情况下，即使工作项 w1 使用不包含 w3 的原子范围实例，工作项 w3 也会观察到工作项 w1 对 A 的更新。工作项 w2 通过在 w1 和 w2 之间的工作组范围内同步以及在 w2 和 w3 之间的系统范围同步来形成两者之间的桥梁。实际上，工作项 w2 的版本同步了来自 w2 本身的所有更新，以及之前与来自不同工作项或线程的 w2 同步的所有更新。

68

```
                一开始，全局位置 A=B=L1=L2=0
{{{ work-item w1
   A = 1;
   atomic_store(L1 = 1, release, work-group);
}}} |
{{{ work-item w2
   while (! atomic_load(L1, acquire, work-group)) { /* spin /* };
   B = 1;
   atomic_store(L2 = 1, release, system);
}}} |
{{{ work-item w3
   while (! atomic_load(L2, acquire, system)) { /* spin /* };
   R1 = A;
   B = 1;
}}}
```

图5.8　传递式范围同步

5.3.5 内存段

一般来说，HSA 原子不关心 HSA 内存段。原子释放 – 获取对将同步共享虚拟内存中的所有内存段，而不管原子位于何处。例如，在图 5.9 中，我们展示了一个无竞争的 HSA 程序，其中两个原子操作在组内存中执行，但是将普通的加载和存储同步到全局内存。

一些原子段 / 范围组合根本没有意义。例如，原子指定组段和系统范围是没有意义的。组段仅在工作组中的工作项中可见，因此系统中在这个工作组之外的参与者不能观察到原子。因此，组原子可以指定小于或等于工作组的范围，但是任何大于工作组的范围规范都将隐式降级为工作组范围规范。

```
                一开始，全局位置 A=0，组位置 L=0
{{{ work-item w1
   A = 1;
   atomic_store(L = 1, release, work-group);
}}} |
{{{ work-item w2
   while (! atomic_load(L, acquire, work-group)) { /* spin /* };
   R1 = A;
}}}
```

图 5.9 HSA 原子同步所有段

69

5.3.6 汇总：HSA 竞争自由

在范围和分段的背景下，现在可以更精确地定义一个无竞争的 HSA 程序。我们将这样执行两次：一次是遵循两条简化的经验法则的程序，一次是更一般的程序。

1. HSA 竞争自由的简化定义

有两条经验法则可以帮助简化 HSA 竞争自由分析：

- 始终将相同的范围应用于原子变量（例如，不要在原子 A 上执行工作组范围释放后在 A 上执行系统范围获取）。
- 从包含所有直接涉及同步的执行单元（即忽略传递性）的最小范围实例中释放 / 获取。由于 HSA 支持传递式同步，所以不需要考虑哪些执行单元最终会因为中间方的通信而发生冲突。

如果应用这两条经验法则，那么确定 HSA 中的竞争自由与在诸如 C++ 的同构平台中确定竞争自由相当。特别是，如果一个普通的冲突永远不会在某个顺序一致的总执行顺序中连续出现，那么这个程序就是无竞争的。换句话说，总是确保普通的冲突是通过同步分离的。

没有简单的经验法则，精确的定义就更加难以描述。没有第一条经验法则，两个原子操作实际上有可能成为冲突；没有第二条经验法则，我们必须应用更复杂的分析来确定正确的同步。

2. HSA 竞争自由的一般定义

为了形成对竞争自由的一般定义，我们必须扩展 5.3.2 节给出的冲突的初始定义。在 HSA 中，冲突既可以是普通的，也可以是原子的：

- **普通冲突**描述了对同一位置的两个操作。至少有一个是写或读取 – 修改 – 写入，且至少有一个是普通操作。
- **原子冲突**描述了从不同执行单元到相同位置的两个原子操作。至少有一个是写或读取 – 修改 – 写入，它们指定非包含范围实例。

当且仅当所有的冲突都被包含原子同步的传递链分开，HSA 程序的顺序一致的执行是无竞争的。当且仅当该程序的所有顺序一致的执行都是无竞争的时，HSA 程序总体上是无竞争的。

假设你正在检查顺序一致的 HSA 程序的执行是否包含竞争。你观察到，有两个普通的操作 C_1 和 C_2 形成冲突，分别由不同的单元 U_1 和 U_2 执行。

70

为了简单起见，我们假设 C_1 在所有必须存在的操作的总顺序之前到达 C_2，因为执行顺序是一致的。为了无竞争，这些冲突必须同步分离，并有足够的范围。更具体地说，必须存在一个带释放语义的原子 R，在 C_1 之后由 U_1 执行，以及在 C_2 之前由 U_2 执行的具有获取语义 A 的原子。这必须是 R 和 A 指定包含范围实例，并且 R 在总执行顺序中位于 A 之前（如图 5.6 或图 5.7 所示）；或者有一个包含范围实例的原子释放 – 获取对链，其总顺序以 R 开始，以 A 结尾，在相同的执行单元上链中的每个链接都包含一个获取后跟一个释放（如图 5.8 所示）。

即使在考虑稍后讨论的复杂松弛的原子操作之前，一般的精确定义也很难理解。

5.3.7 附加观察和注意事项

我们在本节中讨论的 HSA 内存模型有几个小点和微妙之处。

在 HSA 中，原子操作不能部分重叠。例如，如果 32 位原子在一个执行单元中写入地址 A，而在另一个执行单元中从地址 A 读取 64 位原子，则这是 HSA 中的竞争。对于普通的内存操作，允许部分重叠。但要注意的是，根据内存模型规则，如果无序，任何这样的重叠构成一个竞争。

请注意，与同构 CPU 无竞争模型不同的是，如果冲突由原子分离，则简单地说执行没有竞争是不够的。相反，这些原子也必须正确使用范围（即指定包含范围实例）。事实上，在 HSA 中，如果指定非包含范围，则原子本身可能会发生冲突。这导致了一个不同寻常的（从同构计算角度看）结果：一个完全由原子操作组成的程序可能包含竞争。对于熟悉同构内存模型的人来说，这是一个常见的惊喜。

在 HSA 中，竞争性程序将表现出不可预知的行为。然而，HSA 规范至少要求不会发生某些灾难性的失败，例如自发的特权级别增加。这样，用户就可以确定错误或写得不好的软件通常是安全的，因为它不会自发地访问操作系统或导致硬件过热。

5.4 HSA 内存模型中的高级一致性

HSA 内存模型在两个方向上进一步扩展了基本的顺序一致的无竞争模型。首先是添加松弛原子和栅栏，这对习惯于 C++ 11 模型的人来说会有点熟悉。此外，它支持粗粒度的内存区域，如 5.2.4 节所述，可能会限制一致性。

71

5.4.1 松弛原子

HSA 内存模型还定义了*松弛原子和栅栏*。松弛原子在两个方面不同于其他原子。首先，松弛原子没有同步的副作用。换句话说，它们不能强迫系统中普通加载或内存的可见性。其次，松弛原子不能保证顺序一致，即使相互之间也是如此。这第二个属性使松弛原子特别难以推理。

在程序需要读取 – 修改 – 写入语义但不尝试同步工作项或线程的情况下，松弛原子是非常有用的。用于分析的程序统计是这种情况的常见例子。如果用户对任何工作项调用函数 f() 的总次数感兴趣，那么她可能在 f() 的开始处使用松弛原子自动递增计数器变量。值得注意的是，在这种情况下，变量不用于确定工作项之间的因果关系；用户对工作项递增变量的顺序是矛盾的。

松弛原子也可以用来建立线程之间的因果关系。这样做可能是非常困难的任务，因为 HSA 的基本顺序一致的视图不再有效。但是，使用松弛原子可能会带来性能上的好处。例如，松弛原子加载操作可以以相对较低的成本重复执行，而对系统上的所有内存访问进行排序可能成本显著较高。

为了确保正确性，用户必须通过一系列必须存在于任何无竞争 HSA 执行中的操作命令来推理程序的行为。这些命令也存在于没有松弛原子的程序中。它们之前没有提到过，因为每一个都是顺序一致的顺序的一个子集，必须存在于这样一个程序的任何无竞争的执行中。有两个值得注意的命令：

- 所有加载、存储以及读取 – 修改 – 写入更新的总体一致顺序均位于单个位置。
- 释放、获取和获取 – 释放原子的顺序总是一致的。

从这些命令中，用户必须推断正式的“发生之前”的关系，以确定在 HSA 执行竞争中是否有两个冲突的操作。这是本书范围之外的一项非常重要的练习。详细信息请参阅《HSA 系统体系结构规范》。

松弛原子不同步普通的加载和存储。在使用松弛原子的程序中，必须添加栅栏操作来建立松弛原子操作和普通的加载和存储之间的排序关系。松弛原子和栅栏有特殊的关系。事实上，当把一个松弛原子和一个栅栏当作一个简单的对使用时，可以把它们看作一个标准原子的两个部分。松弛原子对应于在单个原子变量上运行的标准原子的一部分。栅栏对应于同步普通加载和存储的标准原子的副作用。与原子不同，栅栏不与任何特定位置相关联。 72

通过拆分松弛原子和栅栏，程序员可以独立确定因果关系并强制同步。这样做可能会得到性能较高的程序，因为检查因果关系可能不总是导致同步（例如，查询 `trylock` 时）。在这种情况下，松弛原子可能在成功之前被多次查询，在这一点上同步变得必要。

以图 5.10 为例。在这里，我们在一个工作项中执行一个标准的原子存储释放。只执行一次这个操作，需要在存储到 `A` 再排序，所以这是一个合适的操作。在第二个工作项中，我们在前面的例子（见图 5.9）中使用循环中的获取操作。在这里，取而代之的是松弛负载。每个负载不再需要排序所有的存储操作，因此可以以较低的成本执行。唯一必须维护的顺序是松弛操作到位置 `L` 的顺序，因为单个位置只有一个一致的顺序。

```
                一开始，全局位置 A=0，组位置 L=0
{{{ work-item w1
   A = 1;
   atomic_store(L = 1, release, work-group);
}}} |
{{{ work-item w2
   while (! atomic_load(L, relaxed, work-group)) { /* spin /* };
   fence(acquire, work-group);
   R1 = A;
}}}
```

图 5.10 使用松弛原子和栅栏来降低同步的成本

为了使原子负载与负载 `A` 的加载顺序相同，我们插入一个栅栏。正是在这个栅栏上发生了完全同步，这可能需要更高的成本。因此，如果循环通过多次迭代旋转，与图 5.9 中的循环相比，每次迭代对内存系统的成本相对较低。

因为松弛原子是用来确定什么时候应该发生栅栏，松弛原子总是会出现在有栅栏的程序顺序中。这就产生了这样的效果，栅栏比松弛原子的方法有更强的排序性能。虽然正常的操作只能阻止在一个方向上穿过栅栏，但它们可以朝另一个方向移动。例如，它们可以通过释放栅栏向上移动，但不能往下移动。松弛原子无法通过栅栏在任何方向移动。

5.4.2　所有权和范围界限

在 5.2.4 节中，我们介绍了所有权。所有权是一种标记为粗粒度的内存区域可以在所有权期限内传递给给定代理人供该组件使用的方法。

73

这在两个方面与模型的其余部分一起作用：

- 所属区域内的系统范围原子操作隐式降级为设备范围。
- 访问不属于自己的可寻址区域是一次竞争。

第一点与访问本地内存位置的行为类似。在更广的范围内进行任何访问都是有意义的。尤其要考虑如何使用物理上断开连接的设备上的内存。粗粒度的内存允许将数据复制到该内存中，并在最后将其复制出来。在执行过程中，系统中的其他设备根本不可能看到，所以在这里我们看到了将范围限制在一定范围的概念的物理表现。然而，由于范围传递性，单独限制原子操作的范围并不能保证所需的语义。我们还必须限制原子排序的可见性副作用。如果我们写入本地内存或粗粒度区域，然后执行系统范围释放写入某个共享区域，即使发生顺序暗示它们应该如此，无法访问本地或粗略位置的读者将不会看到它们。

对于本地内存，地址从一个工作组重用到另一个工作组是有效的。几乎可以看出，对一个本地内存区域进行的任何更新对于另一个工作组都是不可见的，这个工作组将通过相同的本地地址看到不同的位置。粗粒度的内存不以这种方式表现；任何设备访问时它的地址必须是相同的。

在这两种情况下，我们都可以将其抽象地看作一段时间内给定设备可观察到的一组位置。这组可观察的位置和由此产生的操作是在指令发生前全局顺序一致的一个限制。对本地内存中某个位置的更新永远不会被另一个工作组观察到。自有内存中的位置更新在传送所有权之前不会被其他代理程序观察到。

对于竞争，我们必须更加强烈地认识到这一点。任何对无主内存区域的访问都不是由所有者访问，而是由所有权传输本身进行。把这看作是副本最坏的情况。如果在所有权转移时将整个内存区域从一个物理位置复制到另一个物理位置，则每个位置都由复制实体作为非原子操作进行访问，首先从设备范围处的一个物理区域获取，再释放给设备范围中的其他区域。任何访问该区域内未被释放或获取同步的位置都是一次竞争。该释放或获取必须与副本本身同步，因此这仅适用于可能与队列数据包同步的运行时级别所有权传输操作。

5.5　小结

74

在本章中，我们总结了 HSA 内存模型的特点。内存一致性是一个复杂的话题，对于完整的细节，我们将为读者引用《 HSA 系统体系结构规范》。内存一致性也有很多。作者 [1] 提出了一个将范围同步形式化的参考，这是 HSA 内存模型的一个核心特征。

HSA 内存一致性模型是允许构建高性能可移植应用程序的基本特征。第 6 章描述了如何使用内存模型的特性来支持体系结构队列，后面的例子将使用用户代码中的特性。

参考文献

[1] B.R. Gaster, D. Hower, L. Howes, HRF-Relaxed: Adapting HRF to the Complexities of Industrial Heterogeneous Memory Models. In: ACM Transactions on Architecture and Code Optimization (TACO), ACM, New York, USA, 2015.

75 ~ 76

HSA 排队模型

B.R. Gaster*, L. Howes†, D. Hower‡
西英格兰大学，英国布里斯托尔 *；高通，
美国加利福尼亚州圣克拉拉 †；高通，美国北卡罗来纳州罗利 – 达勒姆 ‡

6.1 引言

在前几章中，我们已经看到 HSAIL 内核的例子，这些内核打算在 HSA 代理上执行。但是，我们还需要了解如何将这些内核分派或提交给 HSA 系统执行。这是 HSA 队列的工作，HSA 队列是一个异步框架，用于构建潜在从属内核的图表，以便在特定的 HSA 代理上执行。可以为 HSA 系统内的单个代理或多个代理创建多个队列。内核之间的依赖关系由 HSA 信号控制。信号代表了所有 HSA 系统提供的通用解决方案，并支持不同代理之间的低延迟同步和异步通信。

为了实现低延迟调度，队列由 HSA 运行时分配。从那时起，应用程序以体系结构排队语言（AQL）数据包的形式将工作直接提交给队列。API 提供了一些控制队列结构的操作，可以通过各种实现方式进行移植。队列调度与 HSA 运行时分离，并由相应的代理程序包处理器（PP）管理，如图 6.1 所示。数据包处理器协调特定 HSA 代理上内核的调度。它从一组队列中读取数据包，检查依赖性，并在资源可用时调度相应代理的计算单元上的作业。

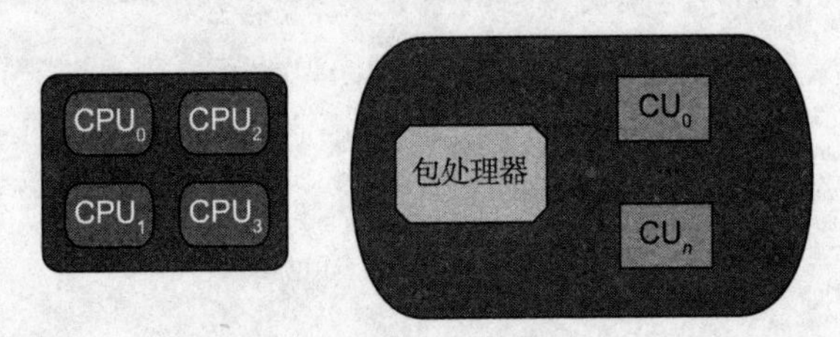

图 6.1　具有主机 CPU 和 HSA 代理的 HSA 系统的示意图

本章的其余部分将介绍在 HSA 框架内协调内核执行的过程。首先我们看看分配队列，然后介绍数据包的形式语言 AQL，最后考虑 AQL 数据包是如何由应用程序提交并由数据包处理器使用的。

6.2 用户模式队列

在本节中，我们考虑如何创建、销毁和操作 HSA 队列。以下函数为特定代理创建用户模式队列：


```
hsa_status_t hsa_queue_create(
    hsa_agent_t agent,
```

```
        uint32_t size,
        hsa_queue_type_t type,
        void (*callback) (hsa_status_t status,
                          hsa_queue_t *source,
                          void *data),
        void *data,
        uint32_t private_segment_size,
        uint32_t group_segment_size,
        hsa_queue_t **queue);
```

队列与参数代理描述的单个 HSA 代理相关联，参数代理可以是支持内核调度或代理调度的代理，也可以是支持二者的代理，如第 4 章所述。支持内核调度的代理能够支持执行内核从 HSAIL 编译，详见第 3 章，或至少匹配 HSAIL ABI 和执行模型。相反，代理调度队列支持对该设备执行“本机”功能，并且不需要遵循 HSAIL 并行执行模型。图 6.2 显示了这个关系。

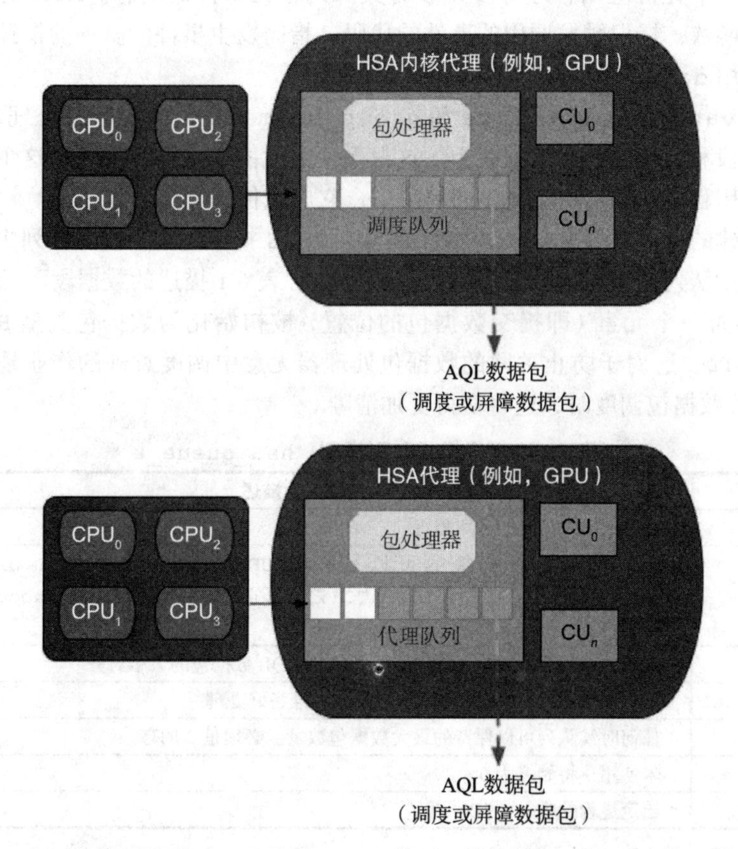

图 6.2 HSA 有两种类型的队列：一种用于 HSA 代理，能够执行 HSAIL 内核；另一种用于执行“本地”功能的 HSA 代理

重要的一点是，虽然图 6.2 显示了相应代理中的两个队列，但这只是一个逻辑关系，并没有要求将队列内存放置在代理内存中。相反，HSA 要求这个内存公开在进程的虚拟地址空间内，并且可以被代理的包处理器访问。包处理器也被显示在其相应的代理中，但是同样没有明确要求这种情况。存在两种不同但同样有效的包处理器设计。一种是用主 CPU 上的

软件实现，通过低级驱动程序调用，将工作分派到底层设备上。或者，也可以在设备的硬件部件上，独立于主机 CPU 来处理队列调度。HSA 可以在 OpenCL 2.0 实现的基础上实现，支持带有细粒度原子的 SVM[1]。但是，需要注意的是，允许使用硬件直接实现的数据包处理器具有 HSA 实现的潜力，这导致 OpenCL 和传统设备驱动程序的软件驱动程序复杂度降低。

队列的大小表示在任何给定时间可以包含在队列中的最大数据包数量。参数类型可以是以下值之一：

- HSA_QUEUE_TYPE_MULTI：队列可以支持多个生产者，即主 CPU 或多个代理上的多个线程。
- HSA_QUEUE_TYPE_SINGLE：队列只支持一个生产者，虽然没有特定的生产者的具体限制。

将队列限制为只有一个生产者，从而允许生产者在向队列添加数据包时避免（有时）使用昂贵的内存一致性操作，如下所述。

78 ~ 79

参数“回调”允许应用程序异步接收有关队列相关事件的信息。HSA 运行时将三个参数传递给回调函数：标识触发调用的事件的代码、指向发生事件的队列的指针以及应用程序数据。每次调用 data 参数时都会传递给回调函数。

参数 private_segment_size 和 group_segment_size 是包处理器的提示，分别反映了私有段和组段的预期最大大小。这只是一个性能提示，即使超过这个值，系统也需要工作。在应用程序不知道这个大小的情况下，它应该传递 UINT_MAX。

在成功创建的由返回值 HSA_ STATUS_SUCCESS 指示的用户模式队列中，在参数队列中返回指向只读队列类型的指针 hsa_queue_t 包含表 6.1 描述的数据段⊖。在创建队列时，队列缓冲区的每一个元素（即提交数据包的位置）被初始化为数据包类型 HSA_PACKET_TYPE_INVALID。这对于防止关联的数据包处理器无意中调度意外的作业是必要的。在下一节介绍 AQL 数据包调度时，这将变得更加清晰。

表 6.1 用户模式队列类型：hsa_queue_t

字段名	描述
类型	队列创建时指定的队列类型
特征	描述队列特征的掩码可以是 HSA_QUEUE_FEATURE_KERNEL_DISPATCH 或 HSA_QUEUE_FEATURE_AGENT_DISPATCH 之一。它的值由传递给 hsa_queue_create 的代理类型决定
base_address	分配内存的起始地址。传递的值必须与 AQL 数据包的大小对齐
doorbell_signal	HSA 信号对象，用于通知 PP 数据包已准备好处理
size	任何时候队列可以保持的最大数据包数量。必须是 2 的幂
reserved0	未使用，将始终为 0
ID	给定进程的唯一的 ID

队列创建可能失败（例如，资源不足），在这种情况下，将返回以下错误代码之一：

- HSA_STATUS_ERROR_NOT_INITIALIZED：HSA 运行时尚未初始化。
- HSA_STATUS_ERROR_OUT_OF_RESOURCES：没有分配实现所需的资源。

80

⊖ 请记住，为了便于阅读，我们使用队列类型的 HSA 运行时描述。然而，队列是在 HSA 中构建的，这意味着这些结构的位布局是明确的，因此是可移植的。例如，图 6.3 的顶部显示了一个队列如何在内存中出现，如 HSA 系统体系结构（第 2 章）所定义。这意味着 HSA 运行时类型不是生成和操作队列所必需的。

- **HSA_STATUS_ERROR_INVALID_AGENT**：代理无效。
- **HSA_STATUS_ERROR_INVALID_QUEUE_CREATION**：代理不支持请求类型的队列。
- **HSA_STATUS_ERROR_INVALID_ARGUMENT**：大小不是 2 的幂，大小为 0，**type** 是无效的队列类型，或者队列是 NULL。

因为作业队列通常是有用的，所以 HSA 提供了创建“软”队列的能力，使得应用程序能够使用开发人员选择的自定义数据包处理方法来实现 HSA 样式队列。软队列允许与 HSA 运行时的其他部分无缝集成，特别是 HSA 信号。因此，软队列使得库的开发方式不知道相应的队列是硬的还是软的。它们通过“模拟”“硬”队列的界面来做到这一点。这允许代码独立工作，例如，通过“软”或“硬”队列。

以下函数创建一个软队列：

```
hsa_status_t hsa_soft_queue_create(
    hsa_region_t region,
    uint32_t size,
    hsa_queue_type_t type,
    uint32_t features,
    hsa_signal_t doorbell_signal,
    hsa_queue_t **queue);
```

参数 **region** 用于存储提交给队列的数据包的内存区域。内存支持的 **region** 必须在此之前通过调用 HSA 运行时分配。

队列的 **size** 表示在任何给定时间可以包含在队列中的最大数据包数量。参数 **type** 与上面给出的硬队列相同，具有相同的特征。

与硬队列不同的是，门铃信号由 HSA 运行时作为队列创建的一部分进行分配，使用预先分配的信号创建软队列门铃，通过参数 **doorbell_singal** 传递。这使得应用程序可以根据自己的需要定制门铃信号。

在成功创建由返回值 **HSA_STATUS_SUCCESS** 指示的软队列时，在参数队列中返回指向只读队列类型 **hsa_queue_t** 结构的指针。该结构包含表 6.1 中描述的数据字段。

像硬队列一样，软队列的创建可能会失败，在这种情况下，将返回以下错误代码之一：

- **HSA_STATUS_ERROR_NOT_INITIALIZED**：HSA 运行时尚未初始化。
- **HSA_STATUS_ERROR_OUT_OF_RESOURCES**：没有分配实现所需的资源。
- **HSA_STATUS_ERROR_INVALID_ARGUMENT**：大小不是 2 的幂，大小是 0，**type** 是无效的队列类型，门铃信号句柄是 0，或者队列是 NULL。

81

以下函数删除现有的（“硬”或“软”）队列：

hsa_status_thsa_queue_destroy(hsa_queue_t*queue);

参数队列是在此之前通过调用 **hsa_create_queue()** 分配的有效队列。

6.3 体系结构排队语言

在本节中，我们介绍数据包的语言——AQL。AQL 是一个二进制接口[⊖]，用于描述内核

⊖ 像队列一样，AQL 数据包的体系结构和定义是 HSA 系统体系结构的一部分。继续将 HSA 运行时类型与 HSA 系统体系结构定义相结合，因为我们相信这有助于理解 HSA。

调度等命令。AQL 数据包是一个内存区域，包含用编码单个命令的特定格式编排的数据。HSA 运行时不提供创建、销毁或操纵 AQL 数据包的任何特定功能。这留给更高级别的库或应用程序来直接执行。不需要应用程序为数据包显式保留存储空间，因为队列已经包含表示一系列 AQL 数据包的缓冲区。

6.3.1 包的类型

HSA 运行时定义了几种为以下情况设计的数据包类型：

- HSA_PACKET_TYPE_VENDOR_SPECIFIC：供应商定义的数据包，不能用于可移植代码。
- HSA_PACKET_TYPE_INVALID：数据包已经处理过或从未使用，但尚未重新分配给数据包处理器。数据包处理器不能处理这种类型的数据包。所有的队列都支持这种数据包类型。
- HSA_PACKET_TYPE_KERNEL_DISPATCH：指定在内核代理上运行的 HSAIL ABI 数据并行执行的数据包。
- HSA_PACKET_TYPE_AGENT_DISPATCH：指定一般代理程序分派的数据包。
- HSA_PACKET_TYPE_BARRIER_AND：代理程序用于延迟后续数据包处理的数据包，直到满足一组依赖关系之间的布尔 AND。
- HSA_PACKET_TYPE_BARRIER_OR：代理程序用于延迟后续数据包处理的数据包，直到满足一组依赖关系之间的布尔 OR。

将数据包构建为 512 位的实体，尽管不是所有的数据包类型都使用分配的数量。所有的数据包类型共享一个公共的 16 位头，其中包括一个类型描述符、一个屏障位和其他属性。包头在表 6.2 中定义。

82

表 6.2　AQL 数据包头

位	字段名	描述
7:0	格式	AQL 数据包类型
8	barrier:1	如果被设置，则只有当前面的所有数据包完成时才开始处理数据包
10:9	acquire_fence:scope	确定数据包的获取内存栅栏操作的范围和类型
12:11	release_fence:scope	确定在内核完成后但在数据包完成之前应用的释放内存栅栏操作的范围和类型
15:13		保留且必须是 0

“格式”或数据包类型可以是上面定义的类型之一，而屏障位表示在队列中的较早数据包与该数据包之间是否存在隐式依赖关系[⊖]。获取和释放栅栏确定内存栅栏，按照 HSA 内存模型（见第 5 章），它的相应范围应该由数据包处理器分别在执行数据包之前和之后执行[⊜]。在内核执行前后，仔细使用内存栅栏可以减少不必要的内存流量，同时提供从外部控制器（即内核或一组内核之外）对内存可见性的细粒度控制。

任何数据包的最后 64 位是（可选）完成信号的句柄。完成信号传达给定数据包已经完成执行，包括任何相应的副作用。在完成与给定数据包相关的主要操作（例如执行内核）时，数据包处理器将会记录所有写入，如由数据包中指定的释放栅栏所定义的。如果提供了一个

⊖ 屏障位是实现一系列从属内核的一种方式，而不使用更“重”的权重屏障包或信号。它们只适用于密集的线性序列；对于更复杂的依赖关系，必须使用图信号来显式编码依赖关系。

⊜ 如下所述，可以使用相应的“完成”信号来形式化“在数据包被执行之后”的非正式概念。

非零的完成信号句柄，PP 将信号的值减 1。这个过程的更多细节在 6.4 节给出。

其余的 432 位是由每个数据包类型单独定义的，在每个数据包类型的下列定义中都突出了这一点。

- **供应商特定的数据包：**
  供应商特定的数据包由特定的实现来定义，并且布局不能被认为是可移植的。
  无效数据包的类型字段被设置为 HSA_PACKET_TYPE_VENDOR_SPECIFIC。

83

- **无效数据包：**
  无效的数据包是队列中所有数据包的初始状态，其中 432 位容器的内容未定义。将数据包设置为无效状态从消费者向生产者传达该插槽是空闲的。将其从无效状态改变为其他状态，从生产者到消费者通知包已准备好消耗[⊖]。
  无效数据包的类型字段被设置为 HSA_PACKET_TYPE_INVALID。
- **内核调度包：**
  任何 HSA 代理都必须支持 HSAIL ABI 及其相应的执行模式。像 OpenCL[1,2] 一样，HSAIL 支持基于网格、工作组、波前和工作项的数据并行执行模型，如第 3 章所述。HSAIL 内核通过一维、二维或三维网格，并通过放置在 HSA 队列中的内核调度包启动。表 6.3 详细描述了内核调度包的格式。

表 6.3 AQL 内核调度包

位	字段名	描述
15:0	头部	数据包头如表 6.2 所述
17:16	维度	在网格大小中指定的维数。有效值是 1、2 或 3
31:18		保留且必须是 0
47:32	workgroup_size_x	在工作项中测量的工作组的 *x* 维度（第 3 章）
63:48	workgroup_size_x	在工作项中测量的工作组的 *y* 维度（第 3 章）
79:64	workgroup_size_z	在工作项中测量的工作组的 *z* 维度（第 3 章）
95:80		保留且必须是 0
127:96	grid_size_x	在工作项目中测量的网格的 *x* 维（第 3 章）
127:96	grid_size_y	在工作项目中测量的网格的 *y* 维（第 3 章）
127:96	grid_size_z	在工作项目中测量的网格的 *z* 维（第 3 章）
223:192	private_segment_size_bytes	每个工作项所需的私有内存分配总大小（第 3 章）
255:224	group_segment_size_bytes	每个工作项所需的组内存分配总大小（第 3 章）
319:256	kernel_object	处理内存中的一个对象，该对象包含内核的实现定义的可执行 ISA 镜像
383:320	kernarg_address	包含内核参数的内存地址
447:384		保留且必须是 0
511:448	completion_signal	用于指示作业完成的 HSA 信令对象句柄。可以是 NULL

84

内核调度包包含运行特定内核所需状态的完整规范，包括网格和工作组的维度、维度的数量、内核对象的地址、对包含参数的内存段的引用以及私有和组内存段的大小。此外，还有一个完成信号的句柄，用于报告内核的完成情况。

当数据包准备就绪时，内核调度数据包的类型字段被设置为 HSA_PACKET_TYPE_

⊖ 请注意数据包处理器调度程序的定义方式，在相应的读取偏移量已被移动之前，数据包处理器无法使数据包无效。

KERNEL_DISPATCH。

- **代理调度包**：

  使用 HSA 队列协调执行工作的能力是一种强大的能力。因此，HSA 通过软队列和代理调度将此功能公开给应用程序本身。代理调度使应用程序能够为特定代理启动内置函数，这些可以由 HSA 实现本身或由应用提供。与内核调度不同，没有引用包含要执行的代码的内核对象，而是使用一个整数 ID 来唯一标识与给定代理相关的函数。因此，支持的函数集是应用程序定义的[⊖]。少量的 64 位参数可以传递给代理程序调度，并提供一个指针来存储任何返回值。表 6.4 包含代理调度包格式的详细信息。

表 6.4 AQL 代理调度包

位	字段名	描述
15:0	头部	数据包头，如表 6.2 所示
31:15	类型	目标代理执行的函数。函数代码是应用程序定义的
63:32		保留且必须是 0
127:64	return_address	用于存储 64 位参数中的函数返回值
191:128	arg0	64 位参数
255:192	arg1	
319:256	arg2	
383:320	arg3	
447:384		保留且必须是 0
511:448	completion_signal	用于指示作业完成的 HSA 信令对象句柄。可以是 NULL

85

当数据包准备就绪时，代理调度数据包的类型字段被设置为 HSA_PACKET_TYPE_AGENT_DISPATCH。

- 屏障——AND/OR 数据包：

  屏障包允许应用程序在一组或多组信号上表达依赖关系。任何给定屏障包的信号数量最大限制为 5。屏障包可以取决于其他屏障包，因此可以间接指定对更多数量信号的依赖性。当前存在两种类型的屏障数据包：AND 和 OR。它们分别强制向所有信号发出信号通知，或者在屏障包完成前只有一个信号包。

  AND 和 OR 的屏障包仅在数据包的格式字段上有所不同，其他字段在表 6.5 中给出。

表 6.5 AQL 屏障包 AND 和 OR

位	字段名	描述
15:0	头部	数据包头，如表 6.2 所示
63:16		保留且必须是 0
127:64	dep_signal0	处理从属信令对象的句柄，该对象由数据包处理器进行评估
191:128	dep_signal1	
255:192	dep_signal2	
319:256	dep_signal3	
383:320	dep_signal4	
447:384		保留且必须是 0
511:448	completion_signa	用于指示作业完成的 HSA 信令对象句柄。可以是 NULL

⊖ 不使用函数指针或对象的原因是它使得软队列以可移植的方式公开内置的、不易表示的、强化的功能。可以为它提供的集合内建队列排队软队列，从而允许使用软队列的可移植代码得到开发。

屏障 AND（与）包的类型字段被设置为 HSA_PACKET_TYPE_BARRIER_AND，屏障 OR（或）包的类型字段被设置为 HSA_PACKET_TYPE_BARRIER_OR。

86

6.3.2 创建数据包

构建数据包的任务留给了应用程序，该应用程序将负责管理分配、初始化和将数据包提交给队列。当数据包被构建时，应用程序可以直接管理数据包创建，而不需要调用 HSA 运行时。例如，以下示例 C++ 代码[⊖]将创建一个屏障 AND 数据包。它假定屏障将等待的两个输入信号（signal_1 和 signal_2）以及数据包处理器在包完成时递减的完成信号（completion_signal）：

```
unsigned char* p =
    new unsigned char *[512 / 4];
memset(p, 0, 512 / 4);
*(p + 0) = HSA_PACKET_TYPE_INVALID;
// release agent and system scope
*(p + 1) = 0b00010000;
*(((unsigned long long)p)+1) = signal_1;
*(((unsigned long long)p)+2) = signal_2;
*(((unsigned long long)p)+7) = completion_signal;
```

数据包类型存储在第一个字节中，然后将位模式写入第二个字节。这使范围代理和系统的释放栅栏成为可能。最后，这三个信号存储在它们各自的位置。

请注意，我们不会将数据包的类型设置为 HSA_PACKET_TYPE_BARRIER_AND，而是将其设置为无效数据包。这是避免数据包处理器读取仅部分写入的有效数据包所必需的。实际的 HSA_PACKET_TYPE_BARRIER_AND 值直接写入队列的包缓冲区，作为完成数据包提交的最后一个操作。

在某些情况下，有可能将包数据直接产生到队列数据包缓冲器中，具有避免必须写入无效类型的优点。但是，这并不允许系统通过优化的 memcpy 实现来优化屏障提交，当从单个模板提交多个数据包时尤其如此。

HSA 运行时提供了预定义的结构、枚举和其他类型，以减轻数据包创建的负担。例如，使用 HSA 运行时可以将以上屏障包编写为：

```
hsa_barrier_and_packet_t* b_packet =
    new hsa_barrier_and_packet_t;
memset(
    ((uint8_t*) b_packet),
    0,
    sizeof(hsa_barrier_packet_t));
b_packet->header =
    HSA_PACKET_TYPE_INVALID |
    HSA_FENCE_SCOPE_SYSTEM <<
          HSA_PACKET_HEADER_RELEASE_FENCE_SCOPE |
    HSA_FENCE_SCOPE_AGENT <<
          HSA_PACKET_HEADER_RELEASE_FENCE_SCOPE;
b_packet->dep_signal[0] = signal_1;
```

⊖ 实际代码是 C++ 14[3]，因为它使用二进制文字。

```
b_packet->dep_signal[1] = signal_2;
b_packet->completion_signal = completion_signal;
```

最后，考虑到创建队列和 AQL 数据包的能力，我们可以考虑数据包提交和调度的过程。87 以下部分概述了这个过程。

6.4 包的提交与调度

数据包处理器提交和调度数据包分为三个阶段：排队、活动和完成。在高层次，这是通过以下步骤捕获的：

1）通过递增与队列关联的 `writeIndex`（参见以下内容），在关联的队列中分配一个包插槽。

2）初始化数据包，将数据包标记为无效，如前所述。

3）以预增量 `writeIndex` 将数据包复制到队列中。

4）将数据包的类型从无效修改为适当的数据包类型㊀。

5）通知数据包处理器通过门铃队列的门铃信号添加了一个数据包㊁。

除了表 6.1 中描述的队列结构之外，队列还定义了两个引用队列 `head` 和 `tail` 位置的属性（`readIndex` 和 `writeIndex`）：

- `readIndex`（读索引）是一个 64 位无符号整数，它指定了数据包处理器要使用的下一个 AQL 数据包的 ID。
- `writeIndex`（写索引）是一个 64 位无符号整数，指定要分配的下一个 AQL 数据包插槽的 ID。

在详细介绍将数据包添加到队列中的算法之前，我们需要花一小段时间来了解 HSA 如何访问 `readIndex` 和 `writeIndex`。HSA 的设计方式允许采用多种方法来构建一致的实现。因此，读取和写入索引不直接提供给应用程序开发者，而是提供专用的运行时 API。

由于写入队列索引的可见性遵循 HSA 内存模型的规则，如第 5 章所述，访问读 / 写索引的操作有顺序一致和松弛变体。

以下函数加载给定队列的读索引：

```
uint64_t hsa_queue_load_read_index_acquire(
   const hsa_queue_t *queue );

uint64_t hsa_queue_load_read_index_relaxed(
   const hsa_queue_t *queue );
```

以下函数为给定队列的写索引存储一个值：

88

```
uint64_t hsa_queue_store_write_index_release(
   const hsa_queue_t *queue, uint64_t value);


uint64_t hsa_queue_store_write_index_relaxed(
   const hsa_queue_t *queue, uint64_t value);
```

㊀ 写入必须作为单个原子写入来执行。

㊁ 如果门铃信号没有到达，数据包处理器可能不会读取写入的数据包。当然，数据包处理器很有可能在没有信号的情况下读取数据包；它只是不能保证。

最后，我们拥有构建能够提交 AQL 数据包的算法所需的所有机制。至于数据包分配，HSA 运行时不提供任何数据包提交的实现。相反，它的目的是要么更高级别的库提供通用功能，要么应用程序将直接执行它们的要求。

在分配队列时，应用程序指定数据包是否由多个生产者同时提交，例如来自多个 CPU 线程或多个 HSA 代理，或者只由一个生产者提交。这个选择对将数据包提交给队列的算法有影响。这也意味着数据包处理器将如何考虑数据包的调度。现在我们将把重点放在前者上，因为一般来说，HSA 实现的工作是提供一个正确工作的数据包处理器。当然，在考虑由应用程序本身实现的软队列时，这会发生变化。

准备数据包提交时，`writeIndex` 由生产者增加，以获得唯一的数据包 ID。当用数据包缓冲器的大小进行 mod（即 C 中的 %）时，这个 ID 给出队列中存储相应数据包的位置，如图 6.3 所示。有两点值得关注：

- 两个执行单元可能会为 `writeIndex` 读取相同的值，并继续假设它们具有唯一值。
- 两个执行单元可能会尝试修改，例如同时增加 `writeIndex`。

89

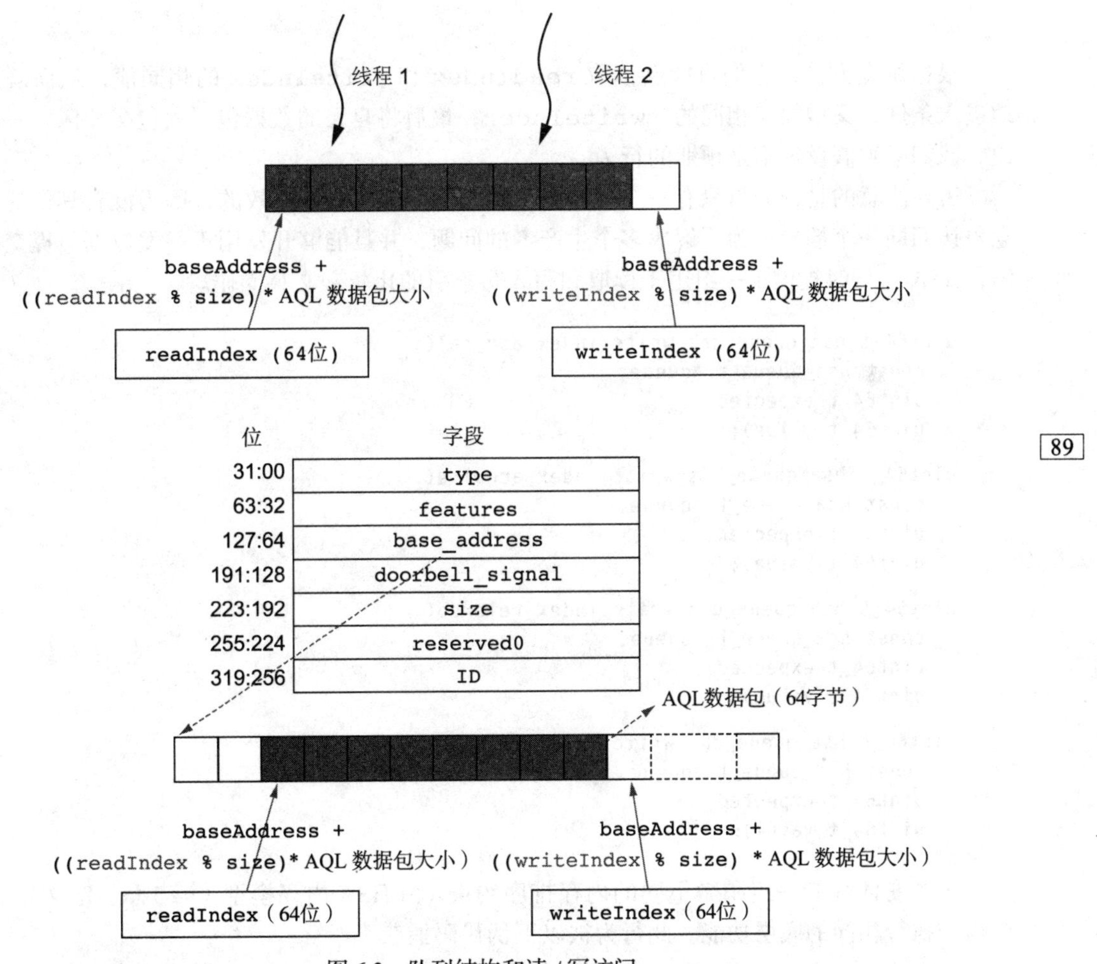

图 6.3　队列结构和读 / 写访问

由于这些冲突会产生一些可能的（坏的）后果，在这里我们更详细地讨论一个共同的问题。考虑一个队列的数据包缓冲区只有一个空闲插槽的情况，并且有两个执行单元。例如，两个 CPU 线程提交一个数据包。如果我们假设在这两个线程竞争提交数据包之前，数据包处理器不会消耗队列中的任何数据包，那么除非它们协调这个过程，否则很可能会发生意想不到的行为，如图 6.3 所示。

考虑到这两个线程现在执行它们自己的以下代码片段的版本：

```
// read the "write" index
uint64_t w = hsa_queue_load_write_index_acquire(queue);

// read "read" index
uint64_t r = hsa_queue_load_read_index_acquire(queue);

uint64_t size = w - r;
if ( size != queue->size ){ // queue full?
    // increment write index as queue not full
    hsa_queue_store_write_index_release(queue, w+1);
    // write packet
    queue->base_address[w % size] = packet;
    // code to set packet format and "ring" doorbell
}
```

根据调度方式，它们可能会读取 **readIndex** 和 **writeIndex** 的相同值，从而既成功地进入条件，又增加“相同的” **writeIndex**，最后将自己的数据包写入包缓冲区。一般来说，我们必须假设这不是预期的行为。

需要注意的是，如果只有一个生产者，那么上面的代码是有效的，因为没有其他的线程竞争访问同一个插槽。为了解决多个生产者的问题，并且能够开发用于并发数据包提交的算法，HSA 运行时提供了一组用于读取和写入写索引的比较和交换操作。

90

```
uint64_t hsa_queue_cas_write_index_acq_rel(
   const hsa_queue_t *queue,
   uint64_t expected,
   uint64_t value);

uint64_t hsa_queue_cas_write_index_acquire(
   const hsa_queue_t *queue,
   uint64_t expected,
   uint64_t value);

uint64_t hsa_queue_cas_write_index_relaxed(
   const hsa_queue_t *queue,
   uint64_t expected,
   uint64_t value);

uint64_t hsa_queue_cas_write_index_release(
   const hsa_queue_t *queue,
   uint64_t expected,
   uint64_t value);
```

每个变体强制一组稍微不同的内存排序约束（由 HSA 内存模型（第 5 章）定义），但每个操作执行相同的底层功能。此行为被以下伪代码捕获⊖：

```
uint64_t hsa_queue_cas_write_index(
  const hsa_queue_t *queue,
```

⊖ 我们只考虑底层功能，而不考虑内存排序方面，虽然这一点很重要，但并没有增加整体讨论的内容。

```
    uint64_t expected,
    uint64_t value)
  {
    uint64_t r;
    atomic {
      r = hsa_queue_load_write_index(queue);
      if (r = expected) {
        hsa_queue_store_write_index (queue, value);
      }
    }
    return r;
  }
```

该操作读取写索引并继续将其与期望值进行比较。如果值匹配，则操作将值存储为 **writeIndex** 的新值。无论哪种情况，它都会返回从写索引读取的值。实现的关键是执行读取、测试和可能存储的代码被包装在原子部分中。这保证了所有包含的操作就好像是一个不可分割的指令一样执行。HSAIL 支持一组类似的指令，用于对共享虚拟内存中的给定地址执行“比较和交换”(见第 3 章)。ARM 和 MIPS 等现代 CPU 内核提供了相应的功能。

91

这是原子测试和设置功能，是我们早期的数据包提交实现中所缺少的。现在使用这个新“武器”，我们可以重写以前的片段：

```
// read"write" index
uint64_t w = hsa_queue_load_write_index_acquire(queue);

// read "read" index
uint64_t r = hsa_queue_load_read_index_acquire(queue);

uint64_t size = w - r;
if ( size != queue->size ){ // queue full?
    // increment write index as queue not full
    if (hsa_queue_cas_write_index_relaxed(queue, w, w+1) = w) {
        // write packet
        queue->base_address[w % queue->size] = packet;
        // code to set packet format and "ring" doorbell
    }
    else {
     // someone beat us to the punch !
    }
}
```

图 6.4 给出了完整的向一个队列提交数据包，支持多个并发生产者的例子。它遵循与之前的示例代码相同的流程，但是现在补充了缺失的代码来处理将数据包写入缓冲区并“敲打”数据包处理器的门铃。该功能需要一个队列、一个被设置为无效格式的数据包以及最后一个数据包的格式类型。请记住，在其他“执行”代理可见之前避免设置有效的格式。我们必须首先写出无效的数据包，然后用顺序一致的语义来存储实际的格式，从而保证正确的可见性顺序[⊖]。

⊖ **_atomic_store_seq_cst** 函数是一个原子存储操作的占位符，它与 HSA 内存模型兼容，并在“执行”代理（例如 CPU）上实现。在这种情况下，不可能使用 C++ 11 原子操作。原则上，HSA 数据包缓冲区不是原子值的数组。在实践中，它可能在许多实现上工作，但不应该依赖。

```
bool submit_packet(
   hsa_queue_t * queue
   hsa_packet_t &packet
   hsa_packet_type_t type)
{
  // read "write" index
  uint64_t w =
     hsa_queue_load_write_index_acquire(queue);

   // read "read" index
  uint64_t r =
     hsa_queue_load_read_index_relaxed(queue);

  uint64_t size = w - r;
  if ( size != queue->size )
  {
    // increment write index as queue not full
    if (hsa_queue_cas_write_index_relaxed(
       queue, w, w+1) == w)
    {
      // write packet
      queue->base_address[w % queue->size] = packet;

      __atomic_store_seq_cst(
         &queue->base_address[w % queue->size],
         packet.header | type);

      hsa_signal_store_release(queue->doorbell_signal);

      return true;
    }
  }
  return false;
}
```

图 6.4　数据包为多个消费者提交功能

另外，如果一个数据包被成功提交，函数返回 `true`，否则返回 `false`。在实践中，提交函数可能会尝试多次提交一个数据包，然后放弃并返回给调用者。

现在我们已经知道如何将 AQL 数据包提交给 HSA 队列，转而谈到数据包的使用和执行的语义。这是数据包处理器的工作。对于 HSA 代理和实现定义的代理，支持“硬”队列，数据包处理器是一个抽象的执行单元，符合 HSA 内存模型，并调度相应代理上的数据包。通常，通过“软”队列，应用程序可以实现自己的数据包处理器。

对于单个或多个生产者队列，消费数据包的算法基本相同。但是，由于单调的数据包 ID 限制，有可能在单个生产者队列的情况下利用这一点。这里我们不考虑这个案例，而是把注意力放在本节其余部分的一般情况上。图 6.5 提供了数据包处理器调度器的（伪）实现[1]。图 6.6 给出了 `pop` 函数。

92~93

数据包调度器由两个嵌套循环组成。外部循环一直运行，直到调度程序终止，而内部循环则处理来自队列的数据包，而其余部分则保留。如果队列变空，则内部循环退出，调度程序循环等待队列的门铃，希望在更多的工作准备好被消耗之前不要再唤醒[2]。

[1] 简单起见，我们只考虑单个队列的情况。一个真正的 HSA 数据包处理器支持队列集，它可以有一个或多个活动队列。

[2] 即使没有执行相应的信号写入，HSA 信号也可以随时唤醒。

```
void packet_scheduler(hsa_queue_t * queue)
{
  uint64_t write_index =
      hsa_queue_load_write_index_acquire(queue);

  while(true) { // run until...
    // wait until there is some work to consume
    hsa_signal_wait_acquire(
       queue->signal, HSA_SIGNAL_CONDITION_NE,
       write_index, UINT64_MAX,
       HSA_WAIT_STATE_ACTIVE);

    while(true) {
      hsa_packet_t * packet = pop(queue);
      if (packet != nullptr) {
        switch( packet->format ) {
          case HSA_PACKET_TYPE_VENDOR_SPECIFIC:
            // code to implement vendor packets
          case HSA_PACKET_TYPE_INVALID:
            // partially written packet
            // spin until format becomes defined
            continue;
          // other packet formats here
          case default:
            // error case, unknown packet format!!
        }
        if (packet.header |
            HSA_PACKET_HEADER_RELEASE_FENCE_SCOPE)
        {
         // code to perform release fence to given scope
        }
        packet.header.format = HSA_PACKET_TYPE_INVALID;
        if (packet->completion_signal != nullptr)
        {
           hsa_signal_add_relaxed(
             packet->completion_signal, -1);
        }

        // finally move the read index, free the packet
        hsa_queue_store_read_index_release(queue, r+1);

        if (write_index ==
            hsa_queue_load_read_index_relaxed(queue))
        {
           break;
        }
      }
      else
         break;
    } // inner while(true)
  } // outer while(true)
}
```

图 6.5 数据包处理器调度器的伪代码

94

在进入内部循环时，调度程序试图从队列中弹出一个数据包。如果成功，该操作返回一个指向数据包缓冲区中相应地址的指针。否则，它返回 `nullptr`，调度程序退出内部循环。

在成功的情况下，测试数据包格式以确定适当的动作。如果数据包有效，则控制流程将传递到处理所请求的任务的代码。如果数据包被标记为无效，那么这意味着特定数据包正在被写入，并且调度器必须通过继续循环等待它完成。

```
hsa_packet_t * pop(hsa_queue_t * queue)
{
  uint64_t r =
    hsa_queue_load_read_index_acquire(queue);

  uint64_t w =
    hsa_queue_load_write_index_acquire(queue);

  if (r == w) {
    return nullptr; // empty
  }

  hsa_packet_t * packet =
       &queue->base_address[r % queue->size];

  return packet;
}
```

图 6.6 用于“弹出”一个 AQL 包的辅助函数

一旦数据包被成功处理（执行），应用任何释放栅栏。如果完成信号不是 `nullptr`，则通过递减该值来发信号通知。最后，通过将数据包类型设置为无效并递增读索引来释放数据包插槽[⊖]。

95

6.5 小结

在本章中，我们考虑了通过 HSA 队列提交各种 AQL 数据包的过程。HSA 队列是应用程序和库编程人员开发低延迟异步并行工作负载的关键组件之一。队列和相应的数据包本身必须是低级别的，其意图是必要时将上层抽象构建在顶部。与此同时，他们还为那些想要控制每一点性能的人们提供一个“触及核心”的界面。

参考文献

[1] OpenCL Working Group, Open Compute Language 2.0, November 2012.

[2] OpenCL Working Group, Open Compute Language 1.2, August 2010.

[3] ISO International Standard ISO/IEC 14882:2014(E) programming, Language C++, 2014.

96

⊖ 虽然我们选择完全处理给定数据包后释放数据包插槽，但另一种可能更具性能的方法是让数据包处理器（通过弹出）读取有效数据包作为值，从而释放该时间点的插槽。这将意味着推动无效数据包的检查（即一个部分写入）并且相应的旋转变成弹出。

编译器技术

W.-H. Chung*, Y.-H. Lyu†, I-J. Sung‡, Y.-W. Lee§, W.-M. W. Hwu¶
MulticoreWare公司，中国台湾云林县斗六市*；MulticoreWare公司，中国台湾台北†；
MulticoreWare公司，美国伊利诺伊州香槟‡；台湾交通大学，
中国台湾新竹市；美国伊利诺伊大学厄巴纳-香槟分校¶

7.1 引言

异构系统体系结构（HSA）旨在支持各种类型的数据并行编程模型。借助标准指令集HSAIL和异构系统（如共享虚拟内存和平台原子）提供的一系列要求，HSA程序可以利用HSA兼容系统的计算能力。这些可以包括后端服务器、台式机或移动设备。为了帮助实现这一目标，高级编程语言或领域特定语言的编译器和运行时应将HSA作为可移植代码生成和运行时管理的目标。通过支持HSA作为目标平台，编译器编写者可以把重点放在语言实现中更重要、更高层次的问题上。这种改进的生产力可以促进高级编程语言（如C ++、Java和Python）的普及，以及异构计算系统的编程。

在本章中，我们使用C++ AMP（C++的一个并行编程扩展）作为例子来展示如何从更高层次的编程模型中生成高效率的HSAIL代码。C++编程语言提供了几个高级的、对开发人员友好的特性，如对象类、类模板、lambda函数和C++标准库。这些高级功能支持软件工程实践并提高开发人员的生产力。编译器编写者的工作是将这些特性转换成HSA结构，而不会产生过多的开销。我们在这个翻译过程中提出了一些重要的实现技巧。这些技术有助于编译器编写者将其他编程模型映射到HSA。

我们将首先简要介绍C++ AMP，一个简单的向量加法“应用程序”将作为运行的例子。通过这个例子，后面的部分将说明C++ AMP功能如何映射到HSA。接下来将讨论如何共享虚拟内存、平台原子和用户级队列等特定于HSA的功能允许在HSA系统上使用更通用的C++代码。实际的工作实现由一个编译器、一组头文件和一个运行时库组成。作为伊利诺伊大学开源许可证下的一个开源项目[⊖]，这个实现是完全可以公开访问的。

7.2 C++ AMP简介

C++加速大规模并行（C++ AMP）是一种支持C++中数据并行算法表达的编程模型。与其他GPU编程模型（如OpenCL或CUDA C）相比，C++ AMP封装了许多低层次的数据移动细节，所以程序更加简洁。尽管如此，它仍然具有使高级程序员能够处理系统功能以优化性能的功能。

⊖ https://bitbucket.org/multicoreware/cppamp-driver-ng-35/。

由 Microsoft 最初开发并在 Visual Studio 2012 中发布，C++ AMP 是在一个开放规范中定义的。MulticoreWare 公司基于开源的 Clang 和 LLVM 编译器基础结构发布了 Kalmar——一种 C++ AMP 实现，针对 GPU 程序的 OpenCL 和 HSA。它在 Linux 上运行，并支持来自 AMD、Intel 和 NVIDIA 等供应商的所有主要 GPU 卡。

C++ AMP 是 C++ 11 标准的扩展。除了定义用于建模数据并行算法的类的一些 C++ 头文件外，它还向 C++ 编程语言添加了两个额外的语言级规则。第一个规定了在 GPU 上执行的函数的附加语言限制；第二个允许 GPU 程序之间交叉线程数据共享。本章不是要全面介绍 C++ AMP。不过，我们将重点介绍最重要的核心概念，并展示 C++ AMP 编译器如何高效地实现基于 HSA 的这些功能。对于那些对 C++ AMP 全面教程感兴趣的人，请参考微软的 C++ AMP 书籍 [1]。

让我们从 C++ AMP 中的一个简单的向量加法程序开始（见图 7.1）。

```
1. #include <amp.h>
2. #include <vector>
3. #include <cstdlib>
4. using namespace concurrency;
5. int main(void) {
6.     const int N = 10;
7.     std::vector<float> a(N);
8.     std::vector<float> b(N);
9.     std::vector<float> c(N);
10.    float sum = 0.f;
11.    for (int i = 0; i < N; i++) {
12.      a[i] = 1.0f * rand() / RAND_MAX;
13.      b[i] = 1.0f * rand() / RAND_MAX;
14.    }
15.    array_view<const float, 1> av(N, a);
16.    array_view<const float, 1> bv(N, b);
17.    array_view<float, 1> cv(N, c);
18.    parallel_for_each(cv.get_extent(),
19.                      [=] (index<1> idx) restrict(amp)
20.                      {
21.                          cv[idx] = av[idx] + bv[idx];
22.                      });
23.    cv.synchronize();
24.    return 0;
25.  }
```

图 7.1　C++ AMP 代码示例：向量加法

从概念上讲，这里的 C++ AMP 代码计算向量相加，如图 7.2 所示。

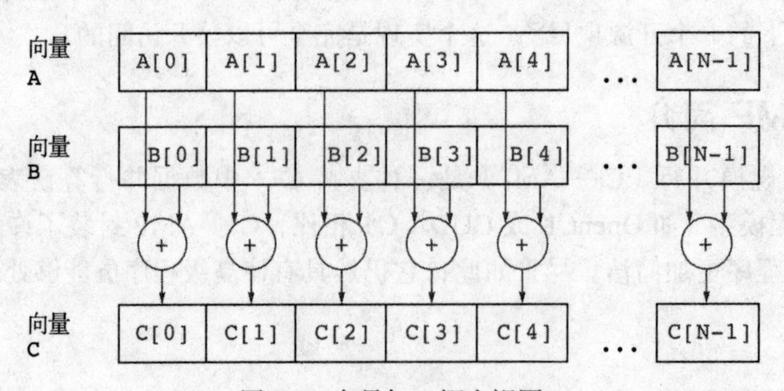

图 7.2　向量加，概念视图

第1行包含C++ AMP头文件amp.h，它提供了核心功能的声明。第2行包括STL类定义。C++ AMP类和函数在“并发”命名空间中声明。第4行上的“使用”指令将C++ AMP名称带入当前范围。这是可选的，但是避免了在concurrency :: scope说明符前面加上C++ AMP名称的前缀。

第5行中的main函数是由运行在主机上的线程执行的，它包含一个将被加速的数据并行计算。C++ AMP文档中的术语“主机”在HSA规范中定义为“主机CPU”。尽管HSA使用术语“HSA代理”来指代用于加速执行的执行环境，但C++ AMP使用术语加速器来达到同样的目的。C++ AMP中的一个高级特性并且在其他高级语言中常见的是lambdas。lambdas使C++ AMP主机和加速器代码可以在同一个文件中，甚至在同一个函数中共同使用。在C++ AMP中，设备代码和主机代码中的流程没有分离。稍后我们将讨论如何在C++ AMP的上下文中将C++ 11 lambda编译为HSAIL指令。

7.2.1 C++ AMP array_view

98~99

在C++ AMP中，读取和写入大数据集合的主要工具是类模板array_view。array_view提供对矩形数据位置集合的多维引用。这不是数据的新副本，而是访问现有内存位置的新方法。该模板有两个参数：源数据元素的类型和指示array_view维数的整数。在整个C++ AMP中，指示维度的模板参数被称为类型或对象的等级。在这个例子中，我们有一个浮点值的一维array_view（或一级array_view）。

在图7.1的第15行中，array_view av(a)提供了对C++向量a的一维引用。它告诉C++ AMP编译器通过av访问一个向量只会将其用作输入（const），将其视为一维数组（1），并假定数组的大小由变量（N）给定。

一级的array_view的构造函数（如图7.1第17行上的cv）需要两个参数。首先是一个整数值，它是数据元素的数量。在av、bv和cv的情况下，数据元素的数量由N给出。通常，每维度长度的集合称为“范围”。为了表示和操作范围，C++ AMP提供了一个类模板，称为范围，它具有一个整数模板参数，可以捕获等级。对于具有少量维数的对象，重载各种构造函数以允许将范围指定为一个或多个整数值，就像cv所做的那样。cv构造函数的第二个参数是存储主机数据的标准容器。

7.2.2 C++ AMP parallel_for_each或内核调用

图7.1的第18行显示了parallel_for_each结构，它是用于数据并行计算的C++ AMP代码模式。这对应于HSA中的内核调度。在HSA术语中，parallel_ for_each创建一个工作项的网格。在C++ AMP中，执行计算的元素集称为计算域，由一个范围对象定义。每个工作项将为每个点调用相同的功能，并且它们仅通过域（网格）中的位置（工作项绝对ID）进行区分。

类似于STL算法的for_each，parallel_ for_each函数模板指定一个函数应用于一组值。parallel_for_each的第一个参数是一个extent对象，它描述了执行数据并行计算的域。在这个例子中，我们对array_view中的每个元素执行操作，因此传入parallel_for_each的范围是cv array_view的范围。在这个例子中，这是通过array_view类型的extent属性来访问的。这是一个一维范围，并且计算域由整数值0…n−1组成。

1. lambda 或函子作为内核

parallel_for_each 的第二个参数是一个 C++ 函数对象（或函子）。在图 7.1 中，我们使用 C++ 11 lambda 语法来创建函子。parallel_for_each 的核心语义是对由 extent 参数定义的计算域中的每个元素只调用第二个参数定义的函数一次。

100

2. 作为内核参数的捕获变量

前导 [=] 表示在包含函数中声明的变量，但在 lambda 中引用的变量被"捕获"并复制到为 lambda 构建的函数对象的数据成员中。在这种情况下，这是三个 array_view 对象。这些捕获的对象将从主机内存复制到 GPU 上的设备内存。array_view 的元素可以被修改，这些修改会被反射回主机。

该函数将为每个线程调用一次，并具有一个初始化为计算域内线程位置的参数。这是通过类模板索引来实现的，索引表示一个整数值的短向量。索引的维度是该向量元素的数量，并且与范围的维度相同。在这个例子中，索引参数 idx 值被初始化为计算域中线程的位置，并用于选择 array_view 中的元素，如图 7.1 的第 21 行所示。

3. restrict(amp) 修饰符

在这个例子中显示了 C++ 的一个关键扩展：restrict(amp) 修饰符。在 C++ AMP 中，现有的 C99 关键字 restrict 是在新的上下文中借用和允许的：它可以追踪函数的形式参数列表（包括 lambda 函数）。然后在 restrict 关键字后加上一个或多个限制说明符的带括号的列表。尽管其他用途是可能的，但在 C++ AMP 中，只定义了两个这样的说明符：amp 和 cpu。它们指导编译器从函数定义中生成 CPU 或加速器代码。它们还指导编译器是否应该强制执行一部分 C++ 语言。更多细节如下所示。

如图 7.1 的第 19 行所示，传递给 parallel_for_each 的函数对象必须使用 restrict(amp) 规范注释它的声明。从该函数体中调用的任何函数都必须同样受到限制。restrict(amp) 规范标识可以在硬件加速器上调用的函数。类似地，restrict(cpu) 表示可以在主机上调用的函数。当没有指定限制时，默认是 restrict(cpu)。函数可能同时具有限制（restrict (cpu,amp)），在这种情况下，它可以从主机或加速器上下文中调用，并且必须满足上下文的限制。

正如前面提到的那样，restrict 修饰符允许定义一个 C++ 子集用于代码体。在 C++ AMP 的第一个版本中，这些限制反映了当用作数据并行代码的加速器时 GPU 当前常见的局限性。例如，函数指针、C++ 操作符 new、递归以及对虚拟方法的调用都是被禁止的。随着时间的推移，我们可以预料这些限制将被解除。C++ AMP 的开放规范包括未来版本的一个可能的路线图，限制较少。当然，restrict(cpu) 说明符允许 C++ 的所有功能。但是，由于 C++ AMP 的一部分功能是特定于加速器的功能，因此它们不具有 restrict(cpu) 版本。因此，它们只能用于 restrict(amp) 代码。

101

在 restrict(amp)lambda 的主体内部，引用了在包含范围中声明的 array_view 对象。这些被"捕获"到为实现 lambda 而创建的函数对象中。函数作用域中的其他变量也可能被值捕获。在加速器上执行的功能的每个调用都可以使用这些其他值中的每一个。在这个例子中，在 parallel_for_each 中对 cv 所做的任何更改都将反映在主机数据向量 c 中。

7.3 将 HSA 作为编译器目标

Kalmar 是由 MulticoreWare 提供的 C++ AMP 的开源实现。

它由以下组件组成：

- C++ AMP 编译器：基于开源 Clang 和 LLVM 项目开发，编译器支持 C++ AMP 语言扩展，并以 HSAIL、OpenCL C 或 SPIR（标准可移植中间表示形式）格式生成内核代码。
- C++ AMP 头文件：一组 C++ 头文件，用于实现在 C++ AMP 规范中定义的类。有些函数只是简单的包装 HSA 或 OpenCL 内置函数，但有些函数需要精心设计和工程。
- C++ AMP 运行时：小型库充当主机程序和内核之间的桥梁。与内置的可执行文件链接，它可以加载和构建内核、设置内核参数，并启动内核。

HSAIL 是 HSA 程序中使用的中间语言。它是以文本格式编写的，BRIG 是 HSAIL 的二进制表示。根据向量加法示例代码，本章的其余部分将显示 Kalmar 编译器主要组件的设计。有些实现细节将被忽略，我们将重点讨论允许在 HSA 上实现 C++ AMP 功能的关键方面。我们还将展示如何将某些 C++ 构造映射到 HSAIL 中。重点是提供有关使用 HSA 作为 C++ AMP 实现平台的深入见解。

7.4 将关键的 C++ AMP 构造映射到 HSA

为了将新的编程模型映射到 HSA，可以从关键结构的映射开始。表 7.1 显示了关键 C++ AMP 构造与 HSA 和 OpenCL 中对应构件的映射。如图 7.1 所示，`parallel_ for_each` 构造中的 lambda 表示 C++ 函子。其中的实例应该并行执行。这自然映射到 HSAIL 内核，其中多个工作项并行地执行内核功能。因此，我们展示了在并行 `parallel_for_each` 中定义的 C++ AMP lambda 或传递给 `parallel_for_each` 的函子映射到 HSAIL 内核。

至于每个生成的 HSAIL 内核使用的名称，我们可以使用 lambda / 函子的 C++ 运 `operator()` 的名称。C++ 调整规则将消除不良名称冲突，并为生成的内核强制实现正确的作用域规则。

102

表 7.1　将 C++ AMP 关键编程构造映射到 HSA 和 OpenCL

HSA	C++ AMP	OpenCL
内核	在 `parallel_for_each` 中定义的 lambda；传递给 `parallel_for_each` 的函子	内核
内核名称	lambda/ 函子对象的 C++ `operator()` 的重整名称	内核名称
内核调度	`parallel_for_each`	内核入队
内核参数	捕获在 lambda 中的变量或传递给非 lambda 函子的显式参数	内核参数
全局段中的缓冲区	`concurrency::array_view and array`	`cl_mem` 缓冲区

在 C++ AMP 中，`parallel_ for_each` 函数负责大部分主机 – 设备的交互，例如传递内核参数和内核启动。这将通过一系列 HSA 运行时 API 调用在 C++ AMP 运行时中实现。对于如图 7.1 所示的 lambda 函子，应该根据 C++ lambda 规则自动捕获传递给 HSAIL 内核的参数。另一方面，lambda 中使用的所有 `array_view` 实例都应该成为全局段中的缓冲区；它们的指针将被传递到 HSAIL 内核。

总而言之，通过这个概念性映射（见表 7.1），我们可以看到 C++ AMP 编译器的输出应该提供以下内容：

1）从函子编译的设备 HSAIL 内核传入 `parallel_for_each` 构造。内核函数参数列表是基于 lambda 捕获规则生成的，也可以是基于非 lambda 函子对象的显式参数列表生成的。

2）主机代码可以收集内核所需的全部数据，将数据作为内核参数传递给设备，然后启动内核。

由于 C++ lambda 是一个匿名函子，可以通过将 lambda 重写成一个函数来进一步缩小差距，如图 7.3 所示。该代码使 lambda 成为一个显式函子。所有捕获的变量 va、vb 和 vc 成为此编译器生成的函数的类成员；lambda 的主体成为 operator() 成员函数。最后，提供一个构造函数在主机端填充这些捕获的变量。

```
1.   class vecAdd {
2.   private:
3.       array_view<const float, 1> va, vb;
4.       array_view<float, 1> vc;
5.   public:
6.       vecAdd(array_view<const float, 1> a,
7.              array_view<const float, 1> b,
8.              array_view<float, 1> c) restrict(cpu)
9.       : va(a), vb(b), vc(c) {};
10.      void operator() (index<1> idx) restrict(amp) {
11.          cv[idx] = av[idx] + bv[idx];
12.      }
13.  };
```

103

图 7.3　C++ AMP 向量加法的函子版本（概念性代码）

但是，还有几个问题需要解决：

1）主机端的 array_view 分配的主机内存缓冲区如何传递给设备端的 HSAIL 内核？

2）如何从这个仿函数类创建一个 HSAIL 内核，所以可以从 parallel_for_each 调用它？

3）C++ AMP 运行时如何选择正确的 HSA 内核在特定的 parallel_for_each 调用站点上执行？

为了进一步缩小差距，我们需要进一步扩大函子类。

通过图 7.4 所示的版本，我们可以看到这三个剩余的差距是如何缩小的。

本例中的 array_view 提供了实际实现的简化视图。因为 HSA 允许 HSA 代理直接访问 HSA 统一虚拟内存，任何指向主机内存地址空间的指针也可以被 HSAIL 内核使用和取消引用。这简化了 HSA 上 array_view 的设计，仅仅是主机端指针的包装。这比其他 GPGPU 技术（如 OpenCL）更简单，但需要额外的技巧来模拟主机和设备上的内存缓冲区。

为了确保有一个由 parallel_for_each 执行的内核，C++ AMP 编译器会自动生成两个附加函数：

1）为编译器生成的函子生成一个类构造函数来初始化内核参数。新的构造函数的目的是基于内核接收的参数，在 GPU 端构建一个几乎相同的 lambda 拷贝。

2）设备的功能是生成对应的设备内核，这将进一步编译成 HSAIL。它充当蹦床；它的重整名称可以在运行时被主机代码查询和使用。蹦床函数使用内核参数填充设备端的函子对象的副本。它也基于全局索引填充一个索引对象。最后在蹦床函数中调用函子对象的克隆版本。

之后，编译器还会生成返回的主机端成员函数，该函数返回重整的内核名称。在运行时，parallel_for_each 完成内存在二进制可执行文件中的 HSA 程序，并使用此函数返回的名称获取最终内核的地址。

```
1.   // This is to close the gap #1 (memory buffers)
2.   template <class T>
3.   class array_view {
4.        T *_host_ptr;
5.        size_t _sz;
6.   };
7.
8.   class vecAdd {
9.   private:
10.       array_view<const float, 1> va, vb;
11.       array_view<float, 1> vc;
12.
13.  public:
14.  vecAdd(array_view<const float, 1> a,
15.       array_view<const float, 1> b,
16.       array_view<float, 1> c) restrict(cpu)
17.       : va(a), vb(b), vc(c) {};
18.  void operator() (index<1> idx) restrict(amp) {
19.       cv[idx] = av[idx] + bv[idx];
20.  }
21.
22.  // This is to close the gap #2 (kernel entry point)
23.  #ifndef HOST_CODE
24.  vecAdd(float *a, size_t as, float *b, size_t bs,
25.        float *c, size_t cs) restrict(amp)
26.        : va(a, as), vb(b, bs), vc(c, cs) {};
27.
28.  void trampoline(const float *va, size_t vas,
29.                  const float *vb, size_t vbs,
30.                  float *vc, size_t vcs) {
31.       vecAdd tmp(va, vas, vb, vbs, vc, vcs);
32.       index<1> i(workitemabsid_u64(0));
33.       tmp(i);
34.  }
35.  #endif
36.
37.  // This is to close the gap #3 (kernel name)
38.  #ifdef HOST_CODE
39.  static const char * __get_kernel_name(void) {
40.       return mangled name of
41.         "void vecAdd::trampoline(const float *va, size_t vas,
42.                                  const float *vb, size_t vbs,
43.                                  float *vc, size_t vcs)"
44.  }
45.  #endif
46.
47.  };
```

图 7.4 C++ AMP 向量加法的扩展版本（概念性代码）

7.5 C++ AMP 编译流程

通过前面定义的 C++ AMP 到 HSA 的概念性映射，可以更容易地理解如何编译和链接 C++ AMP 程序（见图 7.5）。Kalmar 编译器采用了多步骤的过程：

1）作为第一步，输入的 C++ AMP 源代码被编译成特殊的“设备模式”，以便检查和应用所有 C++ AMP 特定的语言规则。Kalmar 编译器将生成 HSA 内核（基于由 `parallel_for_each` 函数调用的 AMP 限制函数）到 LLVM 位码文件中。内核中的所有函数调用都是内联的，以简化和优化生成的代码。

104～105

2）然后，LLVM 位码文件将经过一些转换过程，以确保它可以放入正确的 HSAIL 程序中。所有主机代码将被首先修剪，然后内核中的所有指针和使用它们的指令将根据 HSA 规范被声明为正确的内存段（全局、只读、组或私有）。值得注意的是，在地址空间上，HSA和C++ AMP之间存在根本的区别。在HSA中，地址空间是指针类型的一部分；而在C++ AMP中，它是指针值的一部分。因此，静态编译器分析对于从指派和使用指针的地址空间推断是必要的。额外的元数据也将由转换提供，所以最终的LLVM位码可以降低到HSAIL格式。

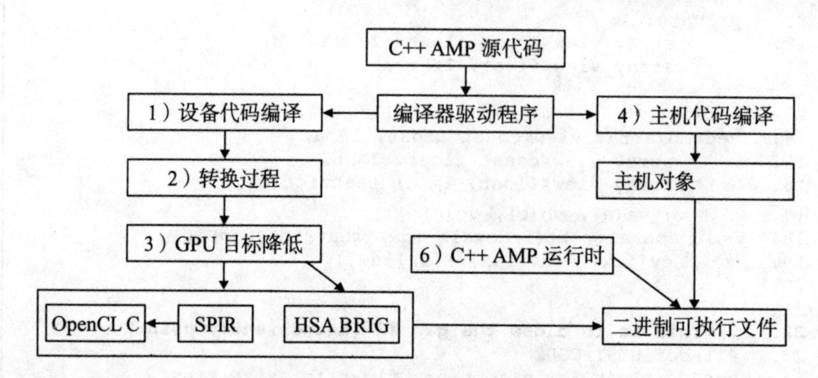

图7.5　Kalmar编译器编译过程

3）由LLVM编译器将转换的LLVM位码降低为HSAIL和BRIG格式，以HSAIL体系结构为目标[⊖]。将其保存为与主机程序链接的目标文件。相同的位码也被降低到OpenCL C或SPIR格式，因此可以在任何不支持HSA的OpenCL平台上使用所产生的内核。

4）然后输入的C++ AMP源代码再次以“主机模式”编译以发出主代码。C++ AMP头文件的设计使得在主机模式下不会直接使用内核代码。而是调用C++ AMP运行时API函数来启动内核。

5）链接主机代码和设备代码以产生最终的可执行文件。

6）可以在运行时加载不同的C++ AMP运行时实现，因此可以在HSA或OpenCL系统中使用一个可执行文件。　106

7.6　编译生成的C++ AMP代码

让我们在向量加法样本（图7.1中的第21行）中重新检查C ++ AMP lambda，如图7.6所示，以便参考。

```
[=] (index<1> idx) restrict(amp) { cv[idx] = av[idx] + bv[idx]; }
```

图7.6　C++ AMP lambda：向量相加

由Kalmar编译器编译后，得到的HSAIL内核代码如图7.7所示。请注意，附注一节为简洁起见省略。

⊖ https://github.com/HSAFoundation/HLC-HSAIL-Development-LLVM。

```
1. version 0:20140528:$full:$large;
2. prog kernel
  &ZZ4mainEN3_EC__019__trampolineEPfiiiiiiiS0_iiiiiiS0_iiiiiii(
3.    kernarg_u64 %__arg_p3,
4.    kernarg_u32 %__arg_p4,
5.    kernarg_u32 %__arg_p5,
6.    kernarg_u32 %__arg_p6,
7.    kernarg_u32 %__arg_p7,
8.    kernarg_u32 %__arg_p8,
9.    kernarg_u32 %__arg_p9,
10.   kernarg_u32 %__arg_p10,
11.   kernarg_u64 %__arg_p11,
12.   kernarg_u32 %__arg_p12,
13.   kernarg_u32 %__arg_p13,
14.   kernarg_u32 %__arg_p14,
15.   kernarg_u32 %__arg_p15,
16.   kernarg_u32 %__arg_p16,
17.   kernarg_u32 %__arg_p17,
18.   kernarg_u32 %__arg_p18,
19.   kernarg_u64 %__arg_p19,
20.   kernarg_u32 %__arg_p20,
21.   kernarg_u32 %__arg_p21,
22.   kernarg_u32 %__arg_p22,
23.   kernarg_u32 %__arg_p23,
24.   kernarg_u32 %__arg_p24,
25.   kernarg_u32 %__arg_p25,
26.   kernarg_u32 %__arg_p26)
27.   {
28.   @ZZ4mainEN3_EC__019__cxxamp_trampolineEPfiiiiiiiS0_iiiiiiS0_iii
   iiii_entry:
29.   // BB#0:
30.   workitemabsid_u32     $s0, 0;
31.   cvt_u64_u32     $d0, $s0;
32.   ld_kernarg_align(8)_width(all)_u64     $d1, [%__global_offset_0];
33.   add_u64 $d0, $d0, $d1;
34.   cvt_u32_u64     $s0, $d0;
35.   ld_kernarg_align(4)_width(all)_u32     $s1, [%__arg_p24];
36.   add_u32 $s1, $s0, $s1;
37.   cvt_s64_s32     $d0, $s1;
38.   ld_kernarg_align(4)_width(all)_u32     $s1, [%__arg_p26];
39.   cvt_s64_s32     $d1, $s1;
40.   ld_kernarg_align(4)_width(all)_u32     $s1, [%__arg_p16];
41.   add_u32 $s1, $s0, $s1;
42.   add_u64 $d2, $d0, $d1;
43.   ld_kernarg_align(8)_width(all)_u64     $d3, [%__arg_p19];
44.   ld_kernarg_align(4)_width(all)_u32     $s2, [%__arg_p8];
45.   add_u32 $s0, $s0, $s2;
46.   ld_kernarg_align(8)_width(all)_u64     $d1, [%__arg_p11];
47.   ld_kernarg_align(8)_width(all)_u64     $d0, [%__arg_p3];
48.   shl_u64 $d2, $d2, 2;
49.   add_u64 $d2, $d3, $d2;
50.   ld_global_align(4)_f32 $s2, [$d2];
51.   cvt_s64_s32     $d2, $s1;
52.   ld_kernarg_align(4)_width(all)_u32     $s1, [%__arg_p18];
53.   cvt_s64_s32     $d3, $s1;
54.   add_u64 $d2, $d2, $d3;
55.   shl_u64 $d2, $d2, 2;
```

图 7.7 编译的 HSAIL 代码：向量加法的内核

```
56.  add_u64 $d1, $d1, $d2;
57.  ld_global_align(4)_f32  $s1, [$d1];
58.  add_ftz_f32      $s1, $s1, $s2;
59.  cvt_s64_s32      $d1, $s0;
60.  ld_kernarg_align(4)_width(all)_u32     $s0, [%__arg_p10];
61.  cvt_s64_s32      $d2, $s0;
62.  add_u64 $d1, $d1, $d2;
63.  shl_u64 $d1, $d1, 2;
64.  add_u64 $d0, $d0, $d1;
65.  st_global_align(4)_f32  $s1, [$d0];
66.  ret;
67.  };
```

图 7.7 （续）

编译后的代码起初可能看起来令人生畏，但实际上并不难理解。

- 第 1 行：HSAIL 程序的公共头文件。
- 第 2 行：蹦床的名称，重整。
- 第 3 ～ 10 行：序列化 **array_view va**。
- 第 11 ～ 18 行：序列化 **serialized array_view vb**。
- 第 19 ～ 26 行：序列化 **array_view vc**。
- 第 30 ～ 31 行：在 C++ AMP lambda 中获取绝对工作项索引 **idx**。
- 第 43 行：获取指向 **va** 的指针。
- 第 46 行：获取指向 **vb** 的指针。
- 第 47 行：获取指向 **vc** 的指针。
- 第 48 ～ 49 行：获取 **va [idx]** 的地址。
- 第 50 行：加载 **va [idx]**。
- 第 55-56 行：获取 **vb [idx]** 的地址。
- 第 57 行：加载 **vb [idx]**。
- 第 58 行：计算 **va [idx] + vb [idx]**。
- 第 63 ～ 64 行：获取 **vc [idx]** 的地址。
- 第 65 行：将 **va [idx] + vb [idx]** 的结果内存到 **vc [idx]**。

在图 7.7 中还有一些其他的内核参数加载指令，以及一些类型转换和加法指令。这些指令是代码，代表 **array_view** 中的实现细节。在这个例子中，这些值都是零，不影响计算。

7.7 C++ AMP 中平铺的编译器支持

平铺是优化 GPU 程序中最重要的技术之一。根据抽象级别，编程模型可以为平铺提供隐式或显式的支持。隐式方法可能涉及从给定的内核自动推导出要平铺的部分内存访问，并生成适当的代码，以透明地或半透明地平铺内存访问模式。这样做是为了获得更好的内存位置和通常更好的性能。相反，显式方法依赖于用户明确地定义不同地址空间中对应于片上和片外内存的内存对象，以及它们之间的数据移动。C++ AMP、HSA、CUDA 和 OpenCL 都是这种显式编程模型的例子。本节的其余部分将讨论从编译器编写者的角度支持 C++ AMP 中的显式平铺。

对于明确支持平铺的编程模型，通常可以找到以下特征：

- 将计算域分成固定大小的块的一种方法。
- 显式指定数据缓冲区所在的地址空间的方法通常是片上、片外或线程专用的。在HSA术语中，这些地址空间被称为内存段；它们分别映射到组、全局和私有。
- 在这些固定大小的计算块（即工作组中的工作项）内提供同步屏障的一种方法。

我们首先为不熟悉C++ AMP平铺的读者回顾一些背景知识。在C++ AMP中，范围描述了计算域的大小和维度。另外，tiled_extent描述了如何划分计算域，其与HSA工作组大小如何划分HSA工作项维度相类似。

7.7.1 划分计算域

107~109

在C++ AMP中，在类范围中使用模板方法tile来计算tile_extent。其模板参数指示平铺大小。在C++ AMP中平铺是静态参数化的。为了通知库和编译器关于平铺，我们使用一个具有稍微不同的签名的lambda内核（图7.8中的第13行），然后使用tiled_index。tiled_index类似于表示从HSAIL指令中检索的值的元组，例如workitemabsid、workitemid和workgroupid。

```
1. void mxm_amp_tiled(int M, int N, int W,
2.                    const std::vector<float>& va,
3.                    const std::vector<float>& vb,
4.                    std::vector<float>& result) {
5.    extent<2> e_a(M, N), e_b(N, W), e_c(M, W);
6.
7.    array_view<const float, 2> av_a(e_a, va);
8.    array_view<const float, 2> av_b(e_b, vb);
9.    array_view<float, 2> av_c(e_c, vresult);
10.
11.   extent<2> compute_domain(e_c);
12.   parallel_for_each(compute_domain.tile<TILE_SIZE, TILE_SIZE>(),
13.      [=] (tiled_index<TILE_SIZE, TILE_SIZE> tidx) restrict(amp)
14.       { mxm_amp_kernel(tidx, av_a, av_b, av_c); });
15.   }
```

图7.8 一个简单的平铺示例

7.7.2 指定地址空间和屏障

在C++ AMP内核函数中，tile_static限定符用于声明驻留在片上内存中的内存对象（HSA术语中的组内存段）。要强制跨C++ AMP平铺的线程进行同步，可以使用tidx.barrier.wait方法。和HSA一样，同一个平铺组中的工作项也会停在等待调用的同一个程序点上。

HSA和C++ AMP之间的一个有趣的区别在于地址空间信息是如何在指针中传送的。在HSAIL内存指令中，必须在每个内存操作中指定内存段。例如，要取消引用主机内存中的指针并从中读取值（HSA术语中的全局内存段），将使用ld_global指令。并且要在片上内存中取消引用指针并将值存入它（HSA术语中的组内存段）中，将使用st_group指令。但在C++ AMP中，地址空间信息是指针值的一部分。人们可以有一个一般的指针，如：

```
float *foo
```

指针foo可以指向使用tile_static（与HSA中的组内存段相同）声明的缓冲区，

并且在某些限制下，同一个指针可以指向全局内存中的值。

可以尝试将C++ AMP tile_static定义为扩展为Clang/LLVM的_attribute_((address_space()))限定符的宏，该限定符是嵌入式C的扩展，可用于指针和内存对象类型的一部分。

110

但是，这种方法将无法生成正确的地址空间信息。

对于下面的代码片段中的指针foo：

```
tile_static float bar;
float *foo = &bar;
```

换句话说，我们不能将地址空间限定符作为指针类型的一部分来嵌入，但是我们需要能够把这些信息作为变量定义的一部分。模板方法不允许在编译器中正确区分这些值。

另一种方法是将地址空间指定为变量属性，它是与特定变量一起使用但不属于其类型的特殊标记。这样属性的一个例子就是编译器扩展，它指定了对象文件的哪个部分中定义了一个变量。这些类型的属性与变量的定义一起，但不是它的类型。可以有两个相同类型的整数留在不同的部分；指针可以指向这两个中的任何一个，而不会出现类型错误。我们遵循简单的映射方法，允许数据流分析注释地址空间信息。由此产生的代码仍然看起来很像合法的C++：

- 将C++ AMP tile_static定义为可变属性。
- 所有的指针最初都没有地址空间。
- 引入基于SSA的分析来注释点对变量属性。

分析只针对一个基本上容易的子指针分析问题，该问题通常是不可判定的。下一节将详细介绍如何完成地址空间注释。

7.8　内存段注释

正如上一节所述，在HSAIL内核中，每个内存操作必须与一个内存段相关联。这表明内存操作将开始处理哪个内存区域，内存段的概念是HSA的基本特征。但是，这种功能通常缺少高级语言，如C ++ AMP。高级语言将数据放入单个通用地址空间，并且不需要明确指出地址空间。为了解决这个差异，需要一个特殊的转换来为每个内存操作附加正确的内存段指定。

在LLVM术语中，“地址空间”与HSA中的“内存段”具有相同的含义。在Kalmar编译器中，生成LLVM位码之后，生成的代码将通过LLVM转换过程来决定和宣传（即将类型限定符添加到）声明到正确的地址空间。从理论上讲，要确定地推导出每个声明的地址空间几乎是不可能的，因为分析器缺乏标识内核如何相互作用的全局视图。但是，有一些线索可以用来推导出实际的程序中正确的地址空间。

111

array和array_view的实现提供了一个提示来推导正确的地址空间。在C++ AMP中，将批量数据传递给内核的唯一方法是通过array和array_view包装它们。C++ AMP运行时将用HSA运行时注册底层指针。这些数据将通过访问内核函数参数上的相应指针在内核中使用。因此，这些指针应该像全局段一样被限定，因为它们指向的数据驻留在主机内存中，并且在网格中的所有工作项中都是可见的。过程将遍历内核函数的所有参数，提升指向全局内存段的指针，并更新与该指针相关的所有内存操作。

tile_static 数据声明不能简单地通过数据流分析推导出来，所以需要从 Kalmar 编译器的前端进行保存。在当前的实现中，使用 tile_static 的声明被放置在生成的位码的特殊部分中。LLVM 转换将标识它并用正确的地址空间标记所有的内存操作。

让我们用一个微小的 C++ AMP 代码示例来说明这个注释过程（见图 7.9）。

```
1.    void mm_kernel(int *p, int n)
2.    {
3.        tile_static int tmp[30];
4.        int id = amp_get_global_id(0);   // get work-item ID
5.        tmp[id] = 5566;
6.        amp_barrier(0);  // wait on all work-items to enter barrier
7.        p[id] = tmp[id];
8.    }
```

图 7.9 演示内存段注释的 C ++ AMP 代码

在 Kalmar 编译器前端之后，代码被转换为纯 LLVM IR（如图 7.10 所示）。此版本中没有地址空间注释，并且会产生不正确的结果。请注意，在图 7.10 的顶部，变量 tmp 被放置在一个特殊的 ELF 部分（clamp_opencl_local）中。这部分的名称是从基于 MulticoreWare 中 OpenCL 的 C++ AMP 的原始实现继承而来的。这部分在基于 OpenCL 和基于 HSAIL 的 C++ AMP 实现之间共享，因为放置在这部分中的变量的性质在这两个实现之间是兼容的。

```
1. @mm_kernel.tmp = internal unnamed_addr global [30 x i32]
   zeroinitializer, align 16, section "clamp_opencl_local"
2. define void @mm_kernel(i32* nocapture %p, i32 %n) {
3.   %1 = tail call i32 bitcast (i32 (...)* @amp_get_global_id to i32
   (i32)*)(i32 0)
4.   %2 = sext i32 %1 to i64
5.   %3 = getelementptr inbounds [30 x i32]* @mm_kernel.tmp, i64 0,
   i64 %2
6.   store i32 5566, i32* %3, align 4, !tbaa !1
7.   %4 = tail call i32 bitcast (i32 (...)* @amp_barrier to i32
   (i32)*)(i32 0) #2
8.   %5 = load i32* %3, align 4, !tbaa !1
9.   %6 = getelementptr inbounds i32* %p, i64 %2
10.   store i32 %5, i32* %6, align 4, !tbaa !1
11.   ret void
12.   }
```

图 7.10 在内存段注释之前，为图 7.9 中的内核生成的 LLVM IR

112

请注意，图 7.10 中的第 6 行对应于图 7.9 中的赋值 tmp[id] = 5566。但是，这个内存指令没有注释到 tmp[id] 的地址空间。同样，第 8 行对应于读取 tmp[id] 的语句 p[id] = tmp[id] 的部分。也没有迹象表明这个负载访问 tmp[id] 的地址空间。

经过特殊的 LLVM 过程处理后，推导出正确的地址空间并附加到相关的内存操作。来自 tmp[id] 的内存指令和加载指令用映射到 HSA 的组内存段的 addrspace(3) 注释。生成的代码现在可以正确执行，如下面的精化 LLVM IR（图 7.11）所示。

在指定了所有地址空间限定符之后，HSAIL 编译器可以使用此 LLVM 位码并发出带有正确内存段的 HSAIL 内存指令。

```
1. @mm_kernel.tmp = internal addrspace(3) unnamed_addr global [30 x
i32] zeroinitializer, align 4
2. define void @mm_kernel(i32 addrspace(1)* nocapture %p, i32 %n) {
3.   %1 = tail call i32 bitcast (i32 (...)* @amp_get_global_id to i32
(i32)*)(i32 0)
4.   %2 = getelementptr inbounds [30 x i32] addrspace(3)*
@mm_kernel.tmp, i32 0, i32 %1
5.   store i32 5566, i32 addrspace(3)* %2, align 4, !tbaa !2
6.   %3 = tail call i32 bitcast (i32 (...)* @amp_barrier to i32
(i32)*)(i32 0)
7.   %4 = load i32 addrspace(3)* %2, align 4, !tbaa !2
8.   %5 = getelementptr inbounds i32 addrspace(1)* %p, i32 %1
9.   store i32 %4, i32 addrspace(1)* %5, align 4, !tbaa !2
10.   ret void
11.   }
```

图 7.11　在内存段注释之后，为图 7.9 中的内核生成的 LLVM IR

7.9　针对 HSA 的通用 C++

到目前为止，我们已经使用代码示例说明了将 C++ AMP 程序编译成主机代码和 HSAIL 内核的重要方面。在前面几节中，在 **array_view** 的概念性实现中简要地提到了共享虚拟内存的能力。在 HSA 上，它只是一个指向主机内存缓冲区的指针。在不支持共享虚拟内存的其他 GPU 计算平台上，必须特别注意在主机内存和设备内存之间正确建模和移动内存缓冲区。

113

C++ AMP 是在 HSA 之前开发的，因此它对 C++ AMP 中内核可以捕获的主机对象类型施加了相当严格的规则。本质上，为了让 C++ AMP 内核访问大内存缓冲区并执行计算，缓冲区必须封装在 **array** 或 **array_view** 的实例中，以便在 C++ AMP 内核中捕获和使用它们。

在 HSA 系统上，这样的限制可以被解除。通过共享虚拟内存，实际上可以捕获主机内存上的各种数据结构，并在 HSAIL 内核中访问它们。在 Kalmar 编译器中，创建了一个特殊的编译标志（**-Xclang -fhsa-ext**）来启用此功能。例如，为了在 HSA 上做向量加法，我们可以编写如图 7.12 所示的代码。

```
1. #include <amp.h>
2. #include <cstdlib>
3. using namespace concurrency;
4. int main(void) {
5.     const int N = 10;
6.     float a[N];
7.     float b[N];
8.     float c[N];
9.     float sum = 0.f;
10.     for (int i = 0; i < N; i++) {
11.       a[i] = 1.0f * rand() / RAND_MAX;
12.       b[i] = 1.0f * rand() / RAND_MAX;
13.     }
14.     float *p_a = &a[0];
15.     float *p_b = &b[0];
16.     float *p_c = &c[0];
17.     extent<1> e(N);
18.     parallel_for_each(e,
19.               [=] (index<1> idx) restrict(amp)
20.               {
21.                     p_c[idx[0]] = p_a[idx[0]] + p_b[idx[0]];
22.               });
23.     return 0;
24.   }
```

图 7.12　更通用的 C++ 代码示例：HSA 中的向量加法（第一版本）

将新的向量添加示例（图 7.12）与原始的 C++ AMP 版本（图 7.1）进行比较。很显然，**array_view** 的所有实例都不见了。取而代之的是，在 C++ AMP 内核中，指向数组的指针被复制（C++ 11 语法中的 [=]）捕获，并且通过这些指针进行计算。在 HSA 之前，这种类型的变量捕获不是硬件支持的，在 C++ AMP 规范中是不允许的。

由 Kalmar 编译器捕获通用 C++ 指针变量的能力由 HSA 的三个重要特性启用。

1）主机 CPU 和 HSA 代理上的同一机器型号：HSA 系统中计算设备之间标量和指针类型的宽度是一致的。编译器可以对主机代码和 HSAIL 内核使用相同的代码生成逻辑，尤其是对于通过指针提取内存的指令。 114

2）共享虚拟内存：主机内存（全局内存段）在所有 HSA 代理中可见。这意味着只要在 HSAIL 内核中获得主机指针的值，就可以用它来加载和存储主机内存。

3）缓存一致性域：所有 HSA 代理对全局内存的数据访问是一致的，不需要显式的缓存维护操作。这意味着 HSAIL 内核在 CPU 缓存方面不需要特别小心。

这三个功能的更详细的信息可以在《HSA 平台系统体系结构规范》[2] 中找到。基于 HSA 的这些特性，Kalmar 编译器真正地重新使用现有的代码生成逻辑和内存段的注释逻辑来生成正确的代码。此代码正确地解除对主机指针的引用，从而在编译时使用 HSA 的相应编译器标志设置进行捕获。

先前显示的代码可以通过引用捕获主机数据结构（C++ 11 语法中的 [&]）来进一步简化。例如，HSA 上的向量加法可以在图 7.13 中实现。

```
1. #include <amp.h>
2. #include <cstdlib>
3. using namespace concurrency;
4. int main(void) {
5.     const int N = 10;
6.     float a[N];
7.     float b[N];
8.     float c[N];
9.     float sum = 0.f;
10.     for (int i = 0; i < N; i++) {
11.       a[i] = 1.0f * rand() / RAND_MAX;
12.       b[i] = 1.0f * rand() / RAND_MAX;
13.     }
14.     extent<1> e(N);
15.     parallel_for_each(e,
16.                         [&] (index<1> idx) restrict(amp)
17.                         {
18.                           c[idx[0]] = a[idx[0]] + b[idx[0]];
19.                         });
20.     return 0;
21.  }
```

图 7.13 C++ AMP 代码示例：HSA 中的向量加法（第二版本）

通过引用捕获主机对象的机制比通过拷贝捕获主机指针要复杂一些。编译器需要提供特殊的逻辑来创建指向主机数据结构的指针，并作为 HSAIL 内核参数添加，且在内核计算时使用。注意，目前在 Kalmar 编译器中仍存在一些有关共享虚拟内存的限制。例如，虚拟成员函数现在还不能在 C++ AMP 内核中使用，因为所有 HSAIL 内核使用的函数在编译时是内联的；虚拟成员函数的地址也只能在运行时通过 C++ 虚拟表来确定。但是，通过在 HSA 内核中支持间接函数调用，将来可以消除这个限制。 115

7.10 平台原子的编译器支持

通过共享虚拟内存，可以创建允许主机代码和 HSAIL 内核处理主机内存中相同数据结构的程序。在本节中，我们将演示如何将 C++ 11 <atomic> 操作映射到 HSAIL 指令，以及如何通过原子操作创建 HSA 程序，其中主机代码和 HSAIL 内核相互协作。

HSA 提供了几个功能来确保主机代码和 HSAIL 内核的操作很好地同步：

- 原子内存操作。
- 内存一致性模型。
- 信号和同步指令。

前两个功能也在 C++ 11 中标准化，可以在 <atomic> 头文件中找到。但是，C ++ 11 规范只定义了 CPU 的行为，并没有考虑到异构系统。另一方面，HSA 指定原子内存操作的指令，但不指定高级编程语言应该如何使用它们。因此，编译器有一个空缺。

在 C++ 11 <atomic> 头文件中，有一些可以用原子操作来创建类的类模板。这些类模板的特化提供了可以实例化常见数据类型（如整数或浮点数）的原子对象的类。几乎所有的原子对象都支持以下原子操作：从内存加载，存储到内存，读取 – 修改 – 写入，交换内存位置和比较 – 交换。原子存储和原子加载操作是存储和加载，可以有与之相关的内存排序操作。

在 Kalmar 编译器中使用的 C++ 库 libc ++ 的实现将 <atomic> 头文件中定义的类和函数转换为以下 LLVM IR 指令：cmpxchg、atomicrmw、atomic load 和 atomic store。基本上，它们都采取以下操作数：

- 数据类型和长度。
- 指向要访问的内存位置的指针。
- 内存顺序：指定不同 CPU 线程之间的内存操作之间的同步。可能的值是：monotonic、acquire、release、acq_rel、seq_cst。

有关 C++ 11 中原子操作的更多详细信息，请参阅《 C++ 编程语言工作草案和标准》[3] 的第 29 章。有关 <atomic> 的实现细节，请参阅 libc ++ 和《 LLVM 语言参考手册》[4] 的源代码。

116

HSA 需要支持以下标准原子内存操作：从内存加载，存储到内存，读取 – 修改 – 写入，交换内存位置以及比较和交换。每个原子内存操作都必须指定以下属性：

- 数据类型和长度。
- 要访问的内存位置的地址。
- 内存段：执行哪个内存段（例如全局段或组段）的操作。
- 内存顺序：用于在不同工作项间的内存操作之间进行同步的内存顺序模型。可能的值是：rlx（松弛）、scacq（顺序一致地获取）、screl（顺序一致地释放）、scar（顺序一致地获取和释放）。
- 内存范围：原子操作和内存栅栏的范围。它决定了受操作的原子性和内存顺序影响的工作项集合。可能的值包括：wi（工作项）、wv（波前）、wg（工作组）、cmp（HSA 组件）和 sys（HSA 系统）。
- 等价类：用于向 HSA 终止器提供别名信息的可选字段。HSA 终止器将假设在不同类别中的任何两个内存操作不重叠并且可以被重新排序。

有关 HSA 内存操作的更多详细信息，请参考《HSA 程序员参考手册》[6] 的第 6 章。

基于上面的观察，我们可以理解如何在 LLVM IR 中将 C++ 11<atomic> 头文件转换为原子操作。为了正确地将 LLVM IR 降低到 HSAIL 指令中，我们需要在它们之间建立一个映射表，如表 7.2 所示。

表 7.2 LLVM IR 和 HSAIL 间原子操作的映射

概念	LLVM IR	HSAIL
原子指令	atomic load	atomic_ld
	atomic store	atomicnoret_st
	atomicrmw	atomic_and, atomic_or, atomic_xor, atomic_add, atomic_sub, atomic_exch, atomic_max, atomic_min, atomicnoret_and, atomicnoret_and, atomicnoret_or, atomicnoret_xor, atomicnoret_add, atomicnoret_sub, atomicnoret_max, atominoret_min 取决于 atomicrmw 的操作数
	cmpxchg	atomic_cas, atomicnoret_cas
内存位置	必须指定	必须指定
数据类型和长度	必须指定	必须指定
内存段	N/A	必须指定
内存顺序	monotonic	rlx
	acquire	scacq
	release	screl
	acq_rel	scar
	seq_cst	对于 atomicrmw 和 cmpxchg，使用 scar
		对于原子 load 和原子 store，使用 screl 或 scacq，加上相应的 memfence HSAIL 指令
内存范围	N/A	必须指定。可能的值：wi，wv，wg，cmp，sys
等价类	N/A	可选的

根据表 7.2，我们可以做出以下说明：

- 支持的原子指令列表及其语义在 LLVM IR 和 HSAIL 之间有 1-1 映射。
- 由于共享虚拟内存和 HSA 代理与主机 CPU 之间一致的机器模型，主机上的有效指针在 HSAIL 内核中也被用作有效指针。
- 内存顺序和它们的语义列表几乎可以被 1-1 映射。
- 在 LLVM IR 中，HSAIL 中的内存段、内存范围和等价类的概念不存在。

因此，一旦我们解决了差异，并将内存段、内存范围和等价类的信息填充到 LLVM IR 中，我们就可以将在 C ++ 11 <atomic> 头文件中定义的原子操作编译成 HSAIL 指令。

在 7.8 节中，我们证明了通过使用 SSA 分析过程，可以推导出 HSAIL 内核内存操作的内存段，并进一步扩展这个分析过程来指定原子内存操作的内存范围。这是通过为每个原子操作附加一个元数据来完成的。由于目前可用的 HSA 实现的状态，我们现在总是使用 sys 内存范围。等价类可以省略，因为它是 HSAIL 中的可选字段。据我们所知，没有 HSA 实现使用这个字段进行优化。

平台原子的一个简单示例

使用表 7.2 中定义的映射，用一个简单的例子来说明如何将平台原子编译为 LLVM IR

和 HSAIL 指令（见图 7.14）。

上面的例子中包括三个原子整数数组，并通过内核中的共享虚拟内存来捕获它们。假定 tid 是网格的工作项索引，对这些数组中的每个元素执行各种原子指令：

- 第 27 行：a[tid] 原子地增加 1。请注意，在原子操作中没有指定内存排序模型。C++ 中的缺省值是顺序一致性（std :: memory_order_seq_cst），将由 Kalmar 编译器假定。
- 第 28 行：b[tid] 原子地减少 1。
- 第 29 行：c[tid] 原子地存储为 0。
- 第 30 行：使用内存顺序 std :: memory_ order_acquire 以原子方式装载 a[tid] 的值。然后用内存顺序 std :: memory_order_release 原子地将值添加到 c[tid] 中。
- 第 31 行：以内存顺序 std :: memory_ seq_cst 将 b[tid] 的值原子加载。然后用内存顺序 std :: memory_order_acq_rel 原子地将值添加到 c[tid] 中。

117
~
118

```
1.    #include <random>
2.    #include <atomic>
3.    #include <amp.h>
4.    int main () {
5.      // define inputs and output
6.      const int vecSize = 2048;
7.      std::atomic_int table_a[vecSize];
8.      std::atomic_int table_b[vecSize];
9.      std::atomic_int table_c[vecSize];
10.     auto ptr_a = &table_a[0];
11.     auto ptr_b = &table_b[0];
12.     auto ptr_c = &table_c[0];
13.
14.     // initialize test data
15.     std::random_device rd;
16.     std::uniform_int_distribution<int32_t> int_dist;
17.     for (int i = 0; i < vecSize; ++i) {
18.       table_a[i].store(int_dist(rd));
19.       table_b[i].store(int_dist(rd));
20.     }
21.     // launch kernel
22.     Concurrency::extent<1> e(vecSize);
23.     parallel_for_each(
24.       e,
25.       [=](Concurrency::index<1> idx) restrict(amp) {
26.         int tid = idx[0];
27.         (ptr_a + tid)->fetch_add(1);
28.         (ptr_b + tid)->fetch_sub(1);
29.         (ptr_c + tid)->store(0);
30.         (ptr_c + tid)->fetch_add(
31.           (ptr_a + tid)->load(std::memory_order_acquire),
32.           std::memory_order_release);
33.         (ptr_c + tid)->fetch_add(
34.           (ptr_b + tid)->load(std::memory_order_seq_cst),
35.           std::memory_order_acq_rel);
36.     });
37.     return 0;
38.   }
```

图 7.14　C++ AMP 代码示例：HSAIL 内核中的原子整数算术

内核的净效应是：

- a[ ] 中的每个元素将增加 1。

- b[] 中的每个元素将减少 1。
- c[] 中的每个元素将成为具有相同索引号的 a[] 和 b[] 中元素的总和。

119

在 SSA 分析通过之后，Kalmar 编译器将发出以下用于内核的 LLVM IR，这将推断出内存段并为内存操作分配内存范围（见图 7.15）。

```
1.   define                              cc76                         void
   @ZZ4mainEN3_EC__019__cxxamp_trampolineEPNSt3__16atomicIiEES3_S3_({
   { { i32 } } } addrspace(1)*, { { { i32 } } } addrspace(1)*,
   { { { i32 } } } addrspace(1)*) {
2.   %4 = tail call spir_func i64 @amp_get_global_id(i32 0)
3.   %sext = shl i64 %4, 32
4.   %5 = ashr exact i64 %sext, 32
5.   %6 = getelementptr inbounds { { { i32 } } } addrspace(1)* %0,
   i64 %5, i32 0, i32 0, i32 0
6.   %7 = atomicrmw add i32 addrspace(1)* %6, i32 1 seq_cst, !
   mem.scope !6
7.   %8 = getelementptr inbounds { { { i32 } } } addrspace(1)* %1,
   i64 %5, i32 0, i32 0, i32 0
8.   %9 = atomicrmw sub i32 addrspace(1)* %8, i32 1 seq_cst, !
   mem.scope !6
9.   %10 = getelementptr inbounds { { { i32 } } } addrspace(1)* %2,
   i64 %5, i32 0, i32 0, i32 0
10.  store atomic i32 0, i32 addrspace(1)* %10 seq_cst, align 4, !
   mem.scope !6
11.  %11 = load atomic i32 addrspace(1)* %6 acquire, align 4, !
   mem.scope !6
12.  %12 = atomicrmw add i32 addrspace(1)* %10, i32 %11 release, !
   mem.scope !6
13.  %13 = load atomic i32 addrspace(1)* %8 seq_cst, align 4, !
   mem.scope !6
14.  %14 = atomicrmw add i32 addrspace(1)* %10, i32 %13 acq_rel, !
   mem.scope !6
15.  ret void
16.  }
17.
18.  !6 = metadata !{i32 5}
```

图 7.15　将图 7.14 的代码编译后的 LLVM IR

可以观察到 C++ 中的原子指令现在映射到 LLVM IR。它们是：

- 第 2 ～ 4 行：计算网格中的 tid 工作项索引。
- 第 5 行：获取 a[tid]。
- 第 6 行：atomicrmw 将 1 添加到 a[tid]，内存顺序为 seq_cst，内存范围在元数据 !6 中指定。第 5 ～ 6 行对应于图 7.14 中的第 27 行。请注意，seq_cst 是 C++ 原子操作的默认内存顺序。
- 第 7 行：获取 b[tid] 的地址。
- 第 8 行：atomicrmw 从 b[tid] 中减 1，内存顺序为 seq_cst 内存范围，在元数据 !6 中指定。第 7 ～ 8 行对应于图 7.14 中的第 28 行。
- 第 9 行：获取 c[tid] 的地址。

120

- 第 10 行：将原子 0 存储到 c[tid]，内存顺序为 seq_cst，内存范围在元数据 !6 中指定。第 9 ～ 10 行对应于图 7.14 中的第 29 行。
- 第 11 行：从 a[tid] 加载原子，并获取内存顺序，在元数据 !6 中指定的内存范围。
- 第 12 行：atomicrmw 将一个 a[tid] 添加到 c[tid]，并释放内存，内存范围在元数据中 !6 指定。第 11 ～ 12 行对应于图 7.14 中的第 30 行。

- 第13行：从b[tid]加载原子，内存顺序为seq_cst，内存范围在元数据!6中指定。
- 第14行：atomicrmw将b[tid]添加到c[tid]，内存顺序为acq_rel，内存范围在元数据!6中指定。第13～14行对应于图7.14的第31行。
- 第18行：元数据!6被定义为一个整数值5，它对应于HSAIL中的sys内存范围。

在前一步中产生的LLVM IR将被降低到HSAIL格式。

图7.14中用C++编写的原子语句现在被编译成图7.15中的LLVM IR，并被放到图7.16的HSAIL中。以下是对HSAIL代码的简要说明：

- 第11～17行：计算网格中的tid工作项索引。
- 第22～23行：获取a[tid]。
- 第25～26行：使用atomicnoret_add_global_scar_sys以原子方式将1添加到位于全局内存段中的a[tid]，并带有内存顺序scar，内存范围sys。这对应于图7.15中的第5～6行和图7.14中的第17行。
- 第18行，第21行：获取b[tid]的地址。
- 第25行，第27行：使用atomicnoret_sub_global_scar_sys从位于全局内存段的b[tid]中自动减去1，该值位于全局内存段中，内存顺序scar，内存范围sys。这对应于图7.15中的第7～8行和图7.14中的第28行。
- 第19～20行：获取c[tid]的地址。
- 第24行，第28行：使用atomicnoret_st_global_screl将0原子地存储到c[tid]，其内存顺序为screl，内存范围为sys。这对应于图7.15中的第9～10行和图7.14中的第29行。此外，因为LLVM IR中使用了seq_cst内存指令，所以在第29行中插入了一条memfence_scacq_global(sys)指令，以确保以前的指令中所有内存访问的结果对于工作项均可见。
- 第30行：使用atomic_ld_global_scacq_sys原子地加载位于全局内存段中的a[tid]，内存顺序为scacq，内存范围为sys。
- 第31行：使用atomicnoret_add_global_screl_sys原子地向c[tid]添加a[tid]，内存顺序为screl，内存范围为sys。第29～31行对应于图7.15中的第11～12行和图7.14中的第30行。
- 由于在LLVM IR中的下一条指令中使用了seq_cst内存顺序，因此在第32行中插入了一条memfence_screl_global(sys)指令，以确保前面指令中所有内存访问的结果对于工作项均可见。
- 第33行：使用atomic_ld_global_scacq_sys原子地加载位于全局内存段中的b[tid]，内存顺序为scacq，内存范围为sys。
- 第34行：使用atomicnoret_add_global_scar_sys将b[tid]原子地添加到c[tid]，内存顺序scar，内存范围sys。这对应于图7.15中的第13～14行和图7.14中的第31行。

鼓励读者检查C++、LLVM IR和HSAIL之间的映射以及表7.2，以更清楚地了解如何生成这些HSAIL原子指令。

121

```
1.    prog                                                        kernel
   &ZZ4mainEN3_EC__019__trampolineEPNSt3__16atomicIiEES3_S3_(
2.         kernarg_u64 %__global_offset_0,
3.         kernarg_u64 %__global_offset_1,
4.         kernarg_u64 %__global_offset_2,
5.         kernarg_u64 %__arg_p3,
6.         kernarg_u64 %__arg_p4,
7.         kernarg_u64 %__arg_p5)
8.    {
9.    @ZZ4mainEN3_EC__019__cxxamp_trampolineEPNSt3__16atomicIiEES3_S3
   __entry:
10.        // BB#0:
11.        workitemabsid_u32      $s0, 0;
12.        cvt_u64_u32       $d0, $s0;
13.        ld_kernarg_align(8)_width(all)_u64       $d1,
   [%__global_offset_0];
14.        add_u64 $d0, $d0, $d1;
15.        shl_u64 $d0, $d0, 32;
16.        shr_s64 $d0, $d0, 32;
17.        shl_u64 $d2, $d0, 2;
18.        ld_kernarg_align(8)_width(all)_u64       $d1, [%__arg_p4];
19.        ld_kernarg_align(8)_width(all)_u64       $d0, [%__arg_p5];
20.        add_u64 $d0, $d0, $d2;
21.        add_u64 $d1, $d1, $d2;
22.        ld_kernarg_align(8)_width(all)_u64       $d3, [%__arg_p3];
23.        add_u64 $d2, $d3, $d2;
24.        mov_b32 $s0, 0;
25.        mov_b32 $s1, 1;
26.        atomicnoret_add_global_scar_sys_s32     [$d2], $s1;
27.        atomicnoret_sub_global_scar_sys_s32     [$d1], $s1;
28.        atomicnoret_st_global_screl_sys_b32     [$d0], $s0;
29.        memfence_scacq_global(sys);
30.        atomic_ld_global_scacq_sys_b32   $s0, [$d2];
31.        atomicnoret_add_global_screl_sys_s32    [$d0], $s0;
32.        memfence_screl_global(sys);\
33.        atomic_ld_global_scacq_sys_b32   $s0, [$d1];
34.        atomicnoret_add_global_scar_sys_s32     [$d0], $s0;
35.        ret;
36.   };
```

图 7.16 编译后的 HSAIL 指令

122

7.11 新建 / 删除操作符的编译器支持

在前几节的程序中，所有内存分配在程序执行之前都是静态确定的。但有些情况下程序所使用的内存只能在运行时才能确定。C++ 编程语言为操作符提供了新建和删除的功能，所以程序可以动态地分配内存。根据最初的 C++ AMP 规范，动态内存分配不能用 `restrict(amp)` 限制说明符进行。在本节中，我们将展示如何在 Kalmar 编译器中解除这个限制，并使用 HSA 特有的功能（如共享虚拟内存、平台原子和信号）来实现 HSA 内核中的操作符 `new` 和 `delete`。这是使 Kalmar 编译器成为 HSA 系统的通用 C++ 11 编译器的一小步。

图 7.17 显示了 C++ AMP 中一个简单的内存分配应用程序。

为了支持内存分配 / 释放操作符，如 `new`、`new[]`、`delete`、`delete[]`，必须提供附加的库函数。以图 7.17 为例：

1）第 7 行中对操作符 `new` 的调用被编译为 LLVM IR 调用指令，该指令引用了一个名为 `@_Znwm` 的符号。`@_Znwm` 是一个内置函数，包含动态内存分配的实际算法，并且预计由运行时库提供。

```
1.   array_view<unsigned long int, 1> sum(vecSize, sumCPP);
2.   const int vecSize = 16;
3.   unsigned long int sumCPP[vecSize];
4.   parallel_for_each(
5.       extent<1>(vecSize),
6.       [=](index<1> idx) restrict(amp) {
7.       sum[idx[0]] = (unsigned long int)new unsigned int(idx[0]);
8.   });
```

图 7.17　C++ AMP 代码示例：操作符 new

2）升级的 LLVM IR 通过 HSAIL 后端。LLVM 调用指令将被降低到一个 HSAIL 调用指令。

3）动态内存分配逻辑在手写的 HSAIL 程序集中实现，嵌入 HSAIL 函数 &_Znwm 函数，放入 HSAIL 内置函数库。Kalmar 编译器通过连接从 C++ AMP 源代码生成的 HSAIL 和 HSAIL 内置库来完成整个过程。

123

表 7.3 总结了这些运算符及其对应的 LLVM 函数符号。

表 7.3　C++ 动态内存操作符、LLVM 和 HSAIL 函数之间的映射

C++ 动态内存操作	LLVM 函数	HSAIL 函数
void* operator new(std::size_t);	@_Znwm	&_Znwm
void* operator new[](std::size_t);	@_Znam	&_Znam
void operator delete (void*)noexcept;	@_ZdlPv	&_ZdlPv
void operator delete[] (void*)noexcept;	@_ZdaPv	&_ZdaPv

7.11.1　实现具有平台原子性的新建 / 删除操作符

实现动态分配 / 取消分配的最简单方法首先是静态分配 HSAIL 内置库中的一块内存。所有的分配和释放调用只是对该内存块的处理。但是在这种范例下，总分配内存大小需要在应用程序执行开始时确定，并且不能在运行时扩展。为了避免这种限制，我们可以利用 HSA 平台原子实现基于 CPU-GPU 通信的方案。

在这种方案中，GPU 线程将其内存分配 / 释放请求发送给一个 CPU 线程。然后 CPU 线程调用 C 标准库中的 malloc()/ free()，并将结果发送回 GPU 线程。图 7.18 显示了 &_Znwm(操作符 new)&_Znam(操作符 new [ ]) 的概念性实现：

```
1.   int index = idx[0];
2.   // store the parameter
3.   (ptr_param + index)->store(n, std::memory_order_release);
4.   // store the flag value
5.   (ptr_flag + index)->store(1, std::memory_order_release);
6.   // wait until syscall returns
7.   while ((ptr_flag + index)->load(std::memory_order_acquire));
8.   // load result from CPU thread
9.   long address =
10.      (ptr_param + index)->load(std::memory_order_acquire);
11.  return address;
```

124

图 7.18　&_Znwm(new) 和 &_Znam(new[]) 的实现（概念性代码）

- 在第 1 行中，ptr_param 是一个指向 param 的指针，其中 param [index] 存储用于 GPU 工作项的索引，以便与提供内存分配服务的 CPU 线程进行通信。ptr_ flag 是一个指向 flag 的指针，也是一个数组。flag[index] 专用于存储 CPU-GPU 通信的同步标志。

- 在第 3 行中，一个工作项将 n 分配给 param [index]，这是请求的内存分配大小。
- 在第 5 行中，1 存储在 flag（表示 malloc()）中。处理内存分配请求后，CPU 线程将该标志设置为 0。
- 在第 7 行中，GPU 工作项等待标志。当 CPU 将标志设置为 0 时，param [index] 将包含由 CPU 执行的 malloc() 返回的地址。

我们来看看 &_ZdlPv（操作符 delete）和 &_ZdaPv（操作符 delete []）的概念性实现（见图 7.19）。

```
1.    int index = idx[0];
2.    // store the parameter
3.    (ptr_param + index)->store(address, std::memory_order_release);
4.    // store the flag value
5.    (ptr_flag + index)->store(2, std::memory_order_release);
6.    // wait until syscall returns
7.    while ((ptr_flag + index)->load(std::memory_order_acquire));
```

图 7.19 &_ZdlPv (delete) 和 &_ZdaPv (delete[]) 的实现（概念性代码）

操作符 delete/delete [] 的基本思想与操作符 new/new[] 几乎相同。一个区别是在第 3 行中，我们存储 2（意味着 free()）而不是 1（这意味着 mal-loc()）在 flag 中。另一个区别是 CPU 线程的结果被忽略。

我们还需要创建一个 CPU 线程来处理来自 GPU 线程的内存分配 / 解除分配请求。图 7.20 显示了一个简单的实现：

```
1.    while (true) {
2.      for (int i = 0; i < max_vec_size; ++i) {
3.        // load the flag value
4.        syscall = (ptr_flag + i)->load(std::memory_order_acquire);
5.        if (syscall) {
6.          //load parameter
7.          long param =
8.              (ptr_param + i)->load(std::memory_order_acquire);
9.          // do actual stuff
10.         long result;
11.         switch (syscall) {
12.           case 1: // new, new[]
13.             result = (long)malloc(param);
14.           break;
15.           case 2: // delete, delete[]
16.             free ((void *)param);
17.           break;
18.         }
19.         // store result
20.        (ptr_param + i)->store(result,
21.                               std::memory_order_release);
22.         // reset flag
23.        (ptr_flag + i)->store(0,
24.                              std::memory_order_release);
25.     }
26.   }
27. }
```

图 7.20 C++ AMP 运行时：用于处理来自 GPU 线程的内存分配 / 解除分配请求的 CPU 线程

- ptr_param 和 ptr_flag 与图 7.18 和 7.19 相同。
- max_vec_size 是最大可能的网格大小。
- 第 2 行的循环是轮询操作。
- 在第 4 行中，flag 的值被原子加载并保存到 syscall 变量中。

用 std :: memory_order_release 存储操作符 new/delete 中的实现，以及第 4 行的 std :: memory_ order_acquire 加载操作将建立正确的释放获取内存排序。

- 在第 7 行中，加载 GPU 线程存储的参数 param。
- 如果 syscall 等于 1，则内存分配请求将被重定向到第 13 行中的 malloc()。
- 如果 syscall 等于 2，内存释放请求将被重定向到第 16 行的 free()。
- 在第 20 行中，malloc() 的返回地址存储在 param 中。
- 在第 23 行中，flag 被复位，操作符 new/delete 实现的循环（即图 7.18 和 7.19 的第 7 行）停止。

7.11.2 将新建 / 删除返回的地址提升到全局内存段

在我们的方案中，GPU 工作项利用 CPU 线程来分配内存。分配的内存位于全局段中，所以访问分配内存的 HSAIL 加载和存储指令应该注释为对全局段的访问。Kalmar 编译器实现一个 LLVM 过程来识别所有使用 &_Znwm 和 &_Znam 返回的地址的内存访问（例如“store i32, i32 *,"load i32 *,”…），并将它们转换为全局内存的访问内存（例如“store i32, i32 addrspace(1)*”，“load i32 addrspace(1)*”，…）。

7.11.3 基于等待 API / 信号 HSAIL 指令改进新建 / 删除操作符

到目前为止，我们已经介绍了新建 / 删除操作符的工作实现。但是，CPU 线程上的 GPU 工作项的忙等（轮询）会导致性能显著下降，反之亦然。我们使用 HSA 运行时等待 API[6] 和 HSAIL 信号指令来解决这个问题。信号用于 HSA 代理之间的通信。等待 API（例如，hsa:signal_wait_acquire）用于等待，直到信号值满足指定的条件，或者经过了一定的时间。HSAIL 信号指令（信号）用于代理之间的通知。我们希望 CPU 线程阻塞，直到 GPU 线程进入操作符 new/delete。当 GPU 线程在操作符 new/delete 中时，CPU 线程开始轮询。因此，我们重写图 7.21 中 CPU 线程的可能实现。

125~126

```
1.   while (true) {
2.     hsa_signal_value_t ret;
3.     while ((ret = hsa_signal_wait_acquire(signalHandle, HSA_NE,
         0, UINT64_MAX, HSA_WAIT_EXPECTANCY_UNKNOWN)) == 0);
4.     if (ret == -1)
5.         break;
6.     for (int i = 0; i < max_vec_size; ++i) {
7.       // load the flag value
8.       syscall = (ptr_flag + i)->load(std::memory_order_acquire);
9.       if (syscall) {
10.        // load parameter
11.        long param =
12.              (ptr_param + i)->load(std::memory_order_acquire);
13.        // do actual stuff
14.        long result;
15.        switch (syscall) {
16.          case 1: // new, new[]
```

图 7.21 C++ AMP 运行时：用 HSA 运行时等待 API 重写图 7.20

```
17.             result = (long)malloc(param);
18.           break;
19.           case 2: // delete, delete[]
20.             free ((void *)param);
21.           break;
22.         }
23.         // store result
24.         (ptr_param + i)->store(result,
25.                               std::memory_order_release);
26.         // reset flag
27.         (ptr_flag + i)->store(0,
28.                              std::memory_order_release);
29.     }
30.   }
31. }
```

图 7.21 （续）

主要变化在图 7.21 的第 3 行。第 3 行的目的是等待 **signalHandle** 变为非零数字。该版本利用 HSA 等待 API 来使 CPU 线程处于休眠状态，直到它接收到一个信号。为防止 CPU 线程在应用程序终止后无休止地等待，当应用程序终止时，**hsa:signal_wait_acquire** 返回值为 -1。在这种情况下，第 4 行将为真，循环结束。

新建 / 删除操作符的概念性设备代码应该修改，如图 7.22 和图 7.23 所示。

127

```
1.    signalnoret_add_screl_s64_sig64 signalHandle, 1;
2.    int index = idx[0];
3.    // store the parameter
4.    (ptr_param + index)->store(n, std::memory_order_release);
5.    // store the flag value
6.    (ptr_flag + index)->store(1, std::memory_order_release);
7.    // wait until syscall returns
8.    while ((ptr_flag + index)->load(std::memory_order_acquire));
9.    // load result from CPU thread
10.   long address =
11.       (ptr_param + index)->load(std::memory_order_acquire);
12.   return address;
13.   signalnoret_sub_screl_s64_sig64 signalHandle, 1;
```

图 7.22 **&_Znwm(new)** 和 **&_Znam(new[])** 的实现（概念性代码）：用 HSAIL 信号指令重写图 7.18

```
1.    signalnoret_add_screl_s64_sig64 signalHandle, 1;
2.    int index = idx[0];
3.    // store the parameter
4.    (ptr_param + index)->store(address,
5.                              std::memory_order_release);
6.    // store the flag value
7.    (ptr_flag + index)->store(2, std::memory_order_release);
8.    // wait until syscall returns
9.    while ((ptr_flag + index)->load(std::memory_order_acquire));
10.   signalnoret_sub_screl_s64_sig64 signalHandle, 1;
```

图 7.23 **&_ZdlPv(deletex)** 和 **&_ZdaPv(delete[])** 的实现（概念性代码）：用 HSAIL 信号指令重写图 7.19

图 7.22 和图 7.23 描述了如何使用 HSAIL 信号指令来实现设备代码中的操作符新建 / 删除。第 1 行用于增加 **signalHandle**，从而激活 CPU 线程。图 7.22 的第 13 行和图 7.23 的第 10 行用于减少 **signalHandle**，从而关闭 CPU 线程。

7.12 小结

在本章中，我们介绍了一个在 HSA 平台上实现 C++ AMP 的案例研究，演示了将高级面向对象的 C++ 代码编译成 HSAIL 指令的关键转换。通过数据流分析，我们可以将平铺的 C++ AMP 应用程序编译为具有正确形成的工作组的设备代码，这些工作组利用 HSA 组内存。我们还演示了如何启用和使用特定于 HSA 的功能，如共享虚拟内存和平台原子。

128

正如在本章中所展示的那样，HSA 功能使我们能够支持比当前 C++ AMP 标准允许的更通用的 C++ AMP 代码。例如，我们展示了使用 HSA 共享虚拟内存功能，可以支持捕获数组引用而不需要 `array_view`。再如，使用 HSA 等待 API 和 HSAIL 信号指令，可以有效地支持设备代码中的动态内存分配，这在目前的 HSA 标准中是不允许的。这说明 HSA 功能将使更多的主流语言具有很少或没有特别的限制来编程异构计算系统。

Kalmar 编译器还有很多 HSA 功能尚未被利用。例如，HSA 代理上的用户级命令队列可用于启用动态并行机制，其中一个内核可以在运行时调用其他内核。如果可以通过共享虚拟内存访问 C++ 虚拟表，则可以支持 C++ 虚拟成员函数。随着 HSA 平台变得更加成熟，我们期望在 HSAIL 内核中提供更多的 C++ 结构。

参考文献

[1] K. Gregory, A. Miller, C++ AMP: Accelerated Massive Parallelism with Microsoft Visual C++ – Microsoft, ISBN: 9780735664739, 2012. 326 pages.

[2] HSA Platform System Architecture Specification 1.0 Final – HSA Foundation, 2015 – 69 pages – http://www.hsafoundation.com/?ddownload=4944.

[3] Working Draft, Standard for Programming Language C++ – ISO/IEC, 2012 – 1324 pages – http://www.open-std.org/jtc1/sc22/wg21/docs/papers/2012/n3376.pdf.

[4] LLVM Language Reference Manual – LLVM Project, 2015 – http://llvm.org/docs/LangRef.html.

[5] HSA Programmer's Reference Manual Specification 1.0.1 – HSA Foundation, 2015 – 391 pages – http://www.hsafoundation.com/?ddownload=4945.

[6] HSA Runtime Programmer's Reference Manual 1.00 Provisional Ratified – HSA Foundation, 2014 – 130 pages – http://www.hsafoundation.com/?ddownload=4946.

129 ~ 130

应用用例：平台原子性

J. Gómez-Luna*, I.-J. Sung†, A. J. Lázaro-Muñoz‡, W.-H. Chung§,
J. M. González-Linares‡, N. Guil‡
科尔多瓦大学，西班牙科尔多瓦 *；MulticoreWare 公司，美国伊利诺伊州香槟市 †；
马拉加大学，西班牙马拉加 ‡；MulticoreWare 公司，中国台湾云林县斗六市 §

8.1 引言

平台原子提供主机代码和计算内核之间的内存一致性和原子性。它们允许同时访问相同的内存位置，而不会丢失任何结果。它们旨在实现生产者 – 消费者机制或锁定 / 无等待的数据结构，从而实现延迟计算单元（即 CPU 核心）和吞吐量计算单元（即 GPU 计算单元）之间的细粒度同步。因此，不再需要内核重传或基于粗存储器栅栏的 CPU 和 GPU 线程之间的同步机制，因为平台原子为主机和设备提供了一种新的、高效的通信和协作方式。另外，在可编程性方面，它们可以促进更直观和自然的编码方式，为许多类型的并行算法模式保存许多行代码。

本章介绍三个应用实例，每个应用实例都用于从平台原子中受益的算法模式的案例研究。

第一个案例研究对应于许多应用程序中出现的模式，其中由 GPU 进行处理的工作由 CPU 动态识别。它是一个动态任务队列系统，其中主机生成由设备处理的任务。该任务队列系统的适用性由现实世界的内核（来自视频序列的帧的直方图计算）来说明。

第二个案例研究说明了应用程序经常使用的模式，以使用 CPU 和 GPU 来处理动态识别为更适合一个或另一个执行的任务。它实现了广泛使用的图算法（广度优先搜索（BFS））作为 CPU 核心和 GPU 计算单元之间协调执行的示例。因此，程序执行有时可能会在 CPU 和 GPU 之间交换，具体取决于工作负载特性，例如输入队列大小。

第三个案例研究代表了一种使用 CPU 和 GPU 进行协作来处理一系列细粒度任务的模式。它是一个基本的转置，属于数据布局转换系统[1]。它需要在异构系统中进行数据布局转换以重塑数据，从而可以通过面向延迟和面向吞吐量的计算单元来利用内存并行性和局部性。这里所提出的基本转置实现了将数组结构（SoA）转换为称为平铺数组结构数组（Array of Structure of Tiled Array，ASTA）的中间表示的负载平衡算法，其确保跨多种体系结构的高吞吐量内存访问以及低成本编组 SoA 和 AoS（结构数组）。这个基本转置的 HSA 实现使 CPU 和 GPU 同时执行，以实现性能提升。

在这些案例研究中，将平台原子的传统实现与新的 HSA 实现进行比较，这些实现利用了 CPU 和 GPU 之间的平台原子和内存一致性。这些功能允许跨整个异构系统的高效同步、数据共享和并发数据访问。总之，由于 HSA 功能，本章的三个案例研究显示：

- 任务队列系统：对编译任务队列进行高效并发访问。它使用持久性工作组来避免内核重启并确保负载平衡。
- 广度优先搜索：低成本CPU-GPU交换机制，根据工作负载大小选择最合适的计算单元。
- 数据布局转换：协调方案，其中CPU线程和GPU工作组协调同时移动同一数组的元素。

本章的组织结构如下。8.2节介绍使用C++ AMP的HSA平台原子。8.3节介绍第一个案例研究：一个任务队列系统，致力于在GPU方面实现负载平衡。8.4节将异构平台的BFS传统实现与HSA实现进行比较。8.5节描述转换数组布局的基本转置的HSA实现。最后，8.6节给出结论。

8.2 HSA中的原子性

HSA原子的C++接口已被实现为C++ AMP 1.2规范的扩展。编译器和运行时可以免费使用[⊖]。接口采用C++ 11原子进行建模，并允许直接在C++ AMP内核中使用C++ 11原子。

132

图8.1显示了使用C++ AMP内核中的原子操作的示例代码。计算本身是易于理解的，以便将注意力集中在原子操作的语法和语义上。若想了解更多详细信息，推荐读者阅读C++ 11规范。

```
1  int main ()
2  {
3    // define inputs and output
4    const int vecSize = 2048;
5
6    std::atomic_int table_a[vecSize];
7    std::atomic_int table_b[vecSize];
8    std::atomic_int table_c[vecSize];
9    auto ptr_a = &table_a[0];
10   auto ptr_b = &table_b[0];
11   auto ptr_c = &table_c[0];
12
13   // initialize test data
14   std::random_device rd;
15   std::uniform_int_distribution<int32_t> int_dist;
16   for (int i = 0; i < vecSize; ++i) {
17     table_a[i].store(int_dist(rd));
18     table_b[i].store(int_dist(rd));
19   }
20
21   // Launch kernel. Variables referenced in the kernel are captured
       in the lambda
22   Concurrency::extent<1> e(vecSize);
23   parallel_for_each(
24     e, [=](Concurrency::index<1> idx) restrict(amp) {
25
26       int tid = idx[0];
27       (ptr_a + tid)->fetch_add(1); // std::atomic member functions
     can be used
28       (ptr_b + tid)->fetch_sub(1); // in GPU kernels
29       (ptr c + tid)->store(0);
30
```

图8.1　在C++ AMP内核中使用C++ 11原子操作的代码示例

⊖ https://bitbucket.org/multicoreware/cppamp-driver-ng/wiki/Home。

```
      (ptr_c + tid)->fetch_add(
31                (ptr_a + tid)->load(std::memory_order_acquire),
                  std::memory_order_release);
32    (ptr_c + tid)->fetch_add(
                  (ptr_b + tid)->load(std::memory_order_seq_cst),
33                std::memory-order-acq-rel);
34
35  });
36
37  // Verify the results. They should agree.
38  int error = 0;
39  for(unsigned i = 0; i < vecSize; i++) {
40    error += table_c[i] - (table_a[i] + table_b[i]);
41  }
42  if (error == 0) {
43    std::cout << "Verify success!\n";
44  } else {
45    std::cout << "Verify failed!\n";
46  }
47
48  return error != 0;
49 }
```

图 8.1 （续）

133

可以看出，`std::atomic_int table` 在主机代码中声明，并直接在内核中使用。内核执行时，主机代码也可以在这些表上进行原子操作。这非正式地称为平台原子，因为它允许 CPU 和 GPU 在相同的数据结构上原子地操作。

这些是 C++ 11 `std::atomic<>` 成员函数的示例，它们在 C++ AMP 内核中受到支持。在第 27 行中，`fetch_add` 以原子方式递增输入向量 `table_a` 中的每个元素。第 28 行中的 `fetch_sub` 以原子方式递减输入向量 `table_b` 中的每个元素。第 29 行表示原子库，它初始化输出向量 `table_c` 中的每个元素。然后，第 30 ～ 33 行显示向量加法 `table_c[i] = table_a[i] + table_b[i]`，其中通过原子操作完成加法。原子加载操作读取 `table_a` 和 `table_b` 的输入元素。`fetch_add` 操作将加载的值添加到 `table_c` 中的输出元素。如图 8.1 所示，这些原子操作可以指定内存排序约束：

- `memory_order_acquire`：使用此内存顺序的加载操作会在受影响的内存位置执行获取操作，当前线程中的任何内存访问都不能在此加载之前重新排序。这确保了释放相同原子变量的其他线程中的所有写入在当前线程中可见。
- `memory_order_release`：具有该内存顺序的存储操作执行释放操作，当前线程中的内存访问在此存储之后可以重新排序。这确保当前线程中的所有写入在其他获取的线程中可见；它还确保与原子变量相关联的相同原子变量和写入在消耗相同原子的其他线程中变得可见。
- `memory_order_acq_rel`：具有该内存顺序的读取 – 修改 – 写入操作既是获取操作也是释放操作。当前线程中没有内存访问可以在此加载之前重新排序，并且在此存储之后，当前线程中的任何内存访问都不能被重新排序。它确保在修改之前释放相同原子变量的其他线程中的所有写入都可见，并且修改在获取相同原子变量的其他线程中可见。
- `memory_order_seq_cst`：与 `memory_order_acq_rel` 相同，加上单个总顺序，其中所有线程都遵循相同顺序的所有修改。

8.3 任务队列系统

负载平衡是面向吞吐量的体系结构的一个众所周知的问题。公开工作负载相关计算的应用程序可能由于某些计算单元执行比其他计算单元更为密集的计算而带来负担。这种负载不平衡可以显著增加总执行时间并减少并行计算的优势。

134

有一些工作试图通过使用工作窃取[2-3]和任务队列[4]来处理GPU上的负载平衡。由Lamport[5]引入的并发无锁队列就是为了这个目标而推荐的。Chen等人[6]提出了一个GPU任务队列系统，允许主机在驻留在设备内存中的几个队列上排队任务。通过使用异步数据传输、零拷贝和事件，它们能够组成任务入队和出队例程。

随着HSA和平台原子的出现，这样的任务队列系统可以用更少的代码行来实现。

在以下几节中，我们描述了处理可能的负载不平衡任务池的三种方法。第一种由静态执行排队方案组成，其中内核根据需要重新启动多次，直到任务池为空。任务被静态地分配给工作组。第二种使用对全局计数器的原子更新来动态地将任务分配给工作组。第三种是HSA任务队列系统。请注意，后两种方法启动持久性工作组，该工作组可以获取主机排入的任务。HSA版本还使用一个持久的内核，每次主机排入任务时，它不需要重新启动。

8.3.1 静态执行

考虑驻留在主机内存中的任务池。主机线程负责将这些任务中的大部分复制到设备内存中。然后启动内核。因为在复制完任务块之前内核不会启动，所以主机不需要使用任何原子操作来与设备进行协调。随着许多工作组作为任务在块中启动，每个工作组执行一个任务。当内核完成后，结果将被复制回主机内存。这些步骤应该根据需要多次重复以处理整个任务池，如算法8.1所示。

算法8.1 处理一个任务池的静态和动态方法

主机内存中的数组： 大小为 `task_pool_size` 的任务池、关联的输入数据和结果

设备内存中的数组： 大小为 `CHUNK_SIZE` 的任务块、关联的输入数据和结果。每个任务将由一个工作组执行

设备内存中的原子变量（仅限动态执行）： 全局计数器 `counter`

伪代码：

主机线程：

1: **do**
2: 　Copy `CHUNK_SIZE` tasks (and associated input data) from task pool to device memory
3: 　`task_pool_size -= CHUNK_SIZE`
4: 　**GPU_kernel (Static or Dynamic)**
5: 　Copy results from device memory to host memory
6: **while** (`task_pool_size > 0`)

GPU 内核（静态）：

1: Fetch `task` (statically assigned)
2: Perform computation on data associated to `task`

GPU 内核（动态）：

1: **if** (`thread_id = 0`) **then**

```
2:   task = atomic_add(counter,1)
3: endif
4: local barrier
5: do
6:   Perform computation on data associated to task
7:   if (thread_id=0) then
8:     task = atomic_add(counter,1)
9:   endif
10:  local barrier
11: while (task < CHUNK SIZE)
```

静态方法可能会受到负载不平衡的影响，这是因为这些任务被静态分配给映射到计算单元上的工作组。根据这些任务的分布情况，一些计算单元可能会获取非常耗时的任务，而其他计算单元可能会获取更轻量级的任务。这种情况会延迟内核的结束；一些计算单元可能仍然很忙，而其他计算单元已经空闲。

8.3.2 动态执行

为了避免静态方法中的负载不平衡，在计算单元上执行的工作组可以动态地获取任务，如算法 8.1 的动态内核所示。这些工作组是持久的，这意味着它们在内核的整个生命周期中运行。工作组原子地递增一个全局计数器，指示下一个要获取的任务。因为确保了负载平衡，所以尽管原子的成本增加，但是可以预期更好的性能。

8.3.3 HSA 任务队列系统

本节首先介绍一种用于 GPU 的传统任务队列系统，它显示了这种传统方法的缺点，并演示了基于 HSA 功能的新系统。

1. GPU 上的传统任务队列系统

Chen 等人 [6] 提出了 GPU 上的任务队列系统。该方案使用多个持久性工作组，即在 GPU 上可以并发运行的最大数量的工作组。工作组可以访问位于设备内存中的几个队列。主机线程将任务排入这些队列，工作组将任务出队（使用设备内存上的原子操作）并执行它们。图 8.2 说明了整个过程。

135
~
136

与上述静态和动态执行排队方案相比，该方案具有固有的优点，即内核不需要重新启动。此外，它可以确保工作组之间的负载平衡，因为分配了快速任务的工作组在开始新的计算之前不需要等待其他任务完成，它们只能取出一个新任务。

主机线程执行主机内存和设备内存之间的任务以及相关数据的异步传输。使用这些传输中的每一个填充队列。一旦队列中的所有任务都已被使用，主机就会通过读取或轮询由零拷贝操作更新的映射内存变量来察觉队列为空。异步传输将结果从设备内存复制到主机内存，主机可以将新任务排入队列。

2. 使用 HSA 功能的更简单、更直观的实现

该传统任务队列系统是在 NVIDIA 的 CUDA 编程语言 [7] 中开发的。它代表了在 GPU 上实现负载平衡的最佳尝试，但它的实现是相当复杂的。它依赖于主机和设备之间的异步传输，需要程序员明确控制所有协调方面。它还使用隐式零拷贝操作，但是其缺点是不能保证完成所需的准确延迟。此外，重复的原子变量和指针是必需的。

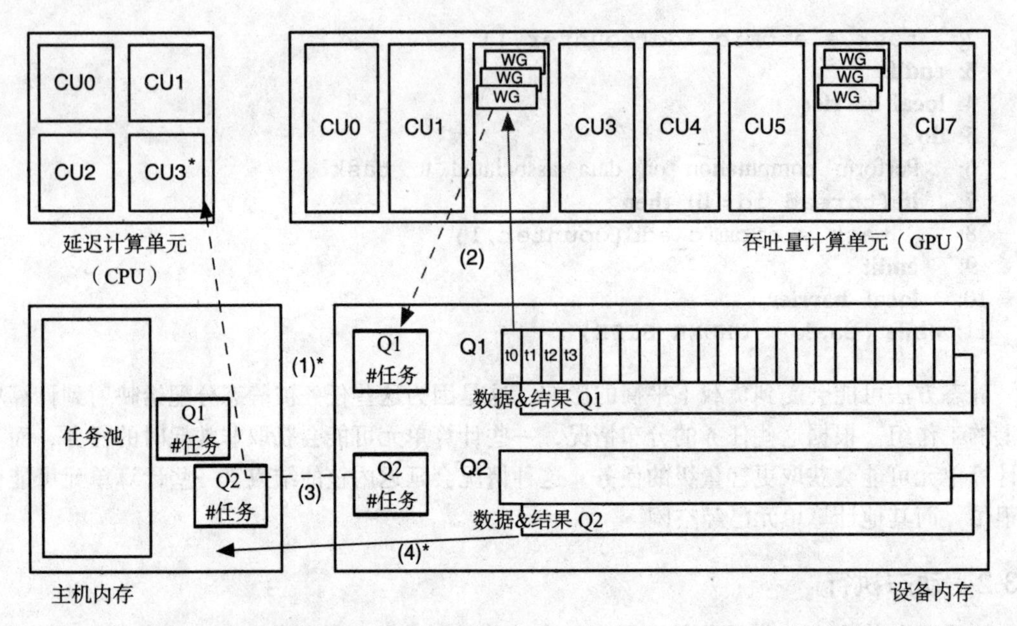

图 8.2　在异构平台上实现任务队列系统的传统方案。在（1）中，主机线程将任务和相关数据传送到设备内存（* 表示主机线程动作）。然后，计算单元中的持久性工作组从队列中取出任务，并自动更新计数器变量（2）。当队列变空时，主机使用零拷贝操作（3）通过轮询来检测任务的完成。在主机排队新任务之前，结果被异步传输（4）

137

通过使用新的 CUDA 功能（如 CUDA 统一内存[7]）可以获得更简单的编码。例如，没有必要对指针和原子变量进行双重声明和分配，数据传输对程序员来说是透明的。但是，由于不可能使用持久性内核，所以使用 CUDA 统一内存不能实现这样的任务队列系统。这是因为 CUDA 统一内存中的数据传输在内核终止后执行队列同步才能保证完成。

由于 HSA 的新特性，如主机一致性内存和平台原子，我们可以提出一个任务队列系统的 HSA 实现，这是由 Chen 等人[6]提出的。它可以以更自然的方式实现，节省了许多代码行。例如，不需要双重声明和分配。数据传输不是必需的，因为 GPU 工作组可以访问主机内存。一个方案如图 8.3 所示。

详细的伪代码可以在算法 8.2 中找到。主机一致性内存中分配了几个队列。主机和设备通过原子地更新每个队列中的三个变量来访问它们，这些变量表示排队任务的数量、已使用任务的数量和队列中当前的任务数。

算法 8.2　任务队列系统的 HSA 实现

主机一致性内存中的数组： NUM_QUEUES 个大小为 QUEUE_SIZE 的任务数组 queues[]

主机一致性内存中的原子变量： 每个队列中排队的任务数 num_written_tasks[]，每个队列消耗的任务数 num_consumed_tasks[]，队列中当前任务数num_tasks_in_queue[]

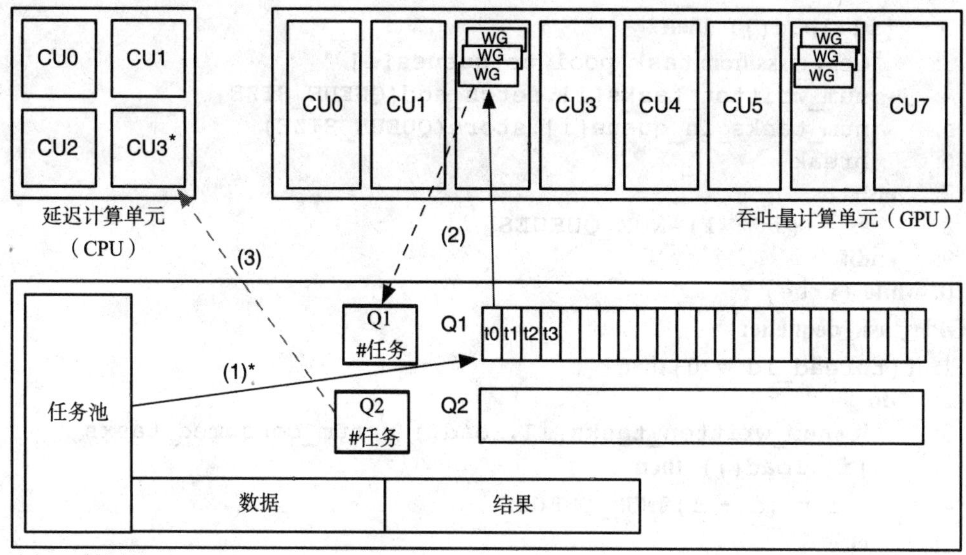

图 8.3 集成异构平台上任务队列系统的 HSA 实现方案。在（1）中，主机线程将任务复制到一个队列（* 表示主机线程动作）。然后，计算单元中的持久性工作组从队列中取出任务，并使用平台原子（2）更新计数器变量。当队列变空时，主机通过读取计数器（3）来检测。输入数据从主机内存读取，结果向主机内存写入

伪代码：

主机线程：

```
1: do
2:    Host_tasks_enqueue (task_pool, queues, num_written_tasks,
      num_consumed_tasks, num_tasks_in_queue)

3:    task_pool_size -= QUEUE_SIZE
4: while (task_pool_size > 0)
5: Host_tasks_enqueue (stop_tasks, queues)
```

GPU 内核：

```
1: do
2:    GPU_tasks_dequeue (task, queues, num_written_tasks,
      num_consumed_tasks, num_tasks_in_queue)

3:    if (task≠stop_task) then
4:       Perform computation on data associated to task
5:    else
6:       break
7:    endif
8: while (true)
```

Host_tasks_enqueue:

```
1: do
2:    if (num_written_tasks[i].load() = num_consumed_tasks
```

```
       [i].load()) then
3:       Copy tasks from task_pool to queues[i]
4:       num_written_tasks[i].fetch_add(QUEUE_SIZE)
5:       num_tasks_in_queue[i].store(QUEUE_SIZE)
6:       break
7:     else
8:       i = (i + 1)%NUM_QUEUES
9:     endif
10: while (true)
GPU_task_dequeue:
1: if (thread_id = 0) then
2:   do
3:     if (num_written_tasks[i].load() = num_consumed_tasks
       [i].load()) then
4:       i = (i + 1)%NUM_QUEUES
5:     else
6:       if(num_tasks_in_queue[i].load() > 0) then
7:         num_consumed_tasks[i].fetch_add(1)
8:         num_tasks_in_queue[i].fetch_sub(1)
9:         Copy task from queues[i] to task
10:        break
11:      endif
12:    endif
13:  while (true)
14: endif
15: local barrier
```

138~139

8.3.4 评估

本节包括一些将静态和动态执行排队方案与任务队列系统的 HSA 实现进行比较的实验结果。该代码已在 C++ AMP 中开发。

实验已经在具有 Radeon R7 Graphics 的 AMD Kaveri A10-7850K APU 上运行。该 APU 包含四个 CPU 内核和八个 GPU 计算单元。它支持 HSA 功能，如可分页共享虚拟内存、CPU 和 GPU 之间的完全内存一致性、用户模式排队和信令。

使用合成输入数据获得第一个结果。然后，我们尝试了一个真实世界的内核——视频序列的帧的直方图计算。

1. 合成输入数据的实验

我们已经执行了一个合成实验，其中在 GPU 上执行了 32 万个任务。这个数字是 Kaveri A10-7850K 的 GPU 中驻留波前的最大数量的倍数。它包含八个 GPU 计算单元，每个单元可同时容纳 40 个波前 [8]。

在 HSA 实现的情况下，采用 320 个大小为 1 波前（64 个工作项）的工作组，以及大小为 320 的两个队列。每次主机将任务入队时，它会填满一个队列。动态执行排队方案还为每个内核调用启动 320 个工作组。在静态方案的情况下，我们为每个内核调用运行了 640、1600 和 3200 个工作组的测试。对于静态和动态方案，每个内核调用处理 640、1600 或 3200 个任务。在 HSA 实现中，内核是持久的，并且任务池中的所有任务都被不断地处理。

32 万个任务的任务池包含两种任务。其中一种是耗时的，而另一种是非常轻量级的。耗时的任务已经发生了变化：32 万个任务中的 0%、10%、25%、50%、75% 和 100%。对于其中每一个任务，已经测试了 100 个随机模式。

图 8.4 显示了该合成实验的代码段。假定工作组的所有工作项都在协同工作的同一个任务上。一旦任务被工作组取出，工作项就必须对输入数据元素进行一些算术加法。每个工作项更新一个输入元素。根据任务类型，添加数量高或低（分别为 51 或 2，在我们的实验中）。

```
1  if(t.op == SIGNAL_HEAVY_KERNEL){
2    for(int i=0; i < iterations; i++)
3      data[t.id * wg_size + tid] += value;
4    data[t.id * wg_size + tid] += t.id;
5  }
6  if(t.op == SIGNAL_LIGHT_KERNEL){
7    for(int i=0; i < 1; i++)
8      data[t.id * wg_size + tid] += value;
9    data[t.id * wg_size + tid] += t.id;
10 }
```

图 8.4　HSA 任务队列系统合成实验的代码段。`t.id` 和 `t.op` 分别是任务的标识符和类型。任务可能非常耗时（`HEAVY`）或轻量（`LIGHT`）。`tid` 是工作项 ID，`wg_size` 是工作组大小。对于重量级任务，执行 `iterations+1` 次加法（在我们的实验中 `iterations= 50`）。对于轻量级任务，执行两次加法

140

平均执行时间如图 8.5 所示。此外，图 8.6 显示了 HSA 实现对静态和动态方案的加速以及动态到静态版本的加速。可以观察到，当每个内核调用的任务数为 640 和 1600 时，动态执行总是优于静态执行。这是由于动态方案实现了更好的负载平衡。当任务数为 3200 时，执行时间相似。这意味着即使进行了静态分配，这样一个数字也足够大，以致计算单元处理类似数量的重量级和轻量级任务。

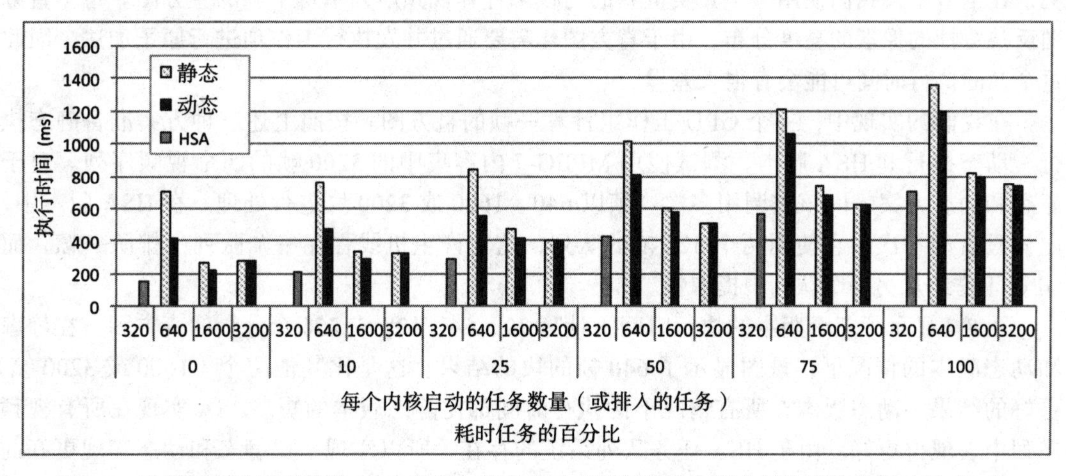

图 8.5　比较任务队列系统的 HSA 实现与静态和动态执行排队方案之间的平均执行时间（ms）。每个内核调用静态和动态方案处理 640、1600 或 3200 个任务。在 HSA 实现中，主机每次排队 320 个任务。执行了 32 万个合成任务。其中 0%、10%、25%、50%、75% 或 100% 是耗时的。对于每个分配值，已经使用了 100 个随机模式

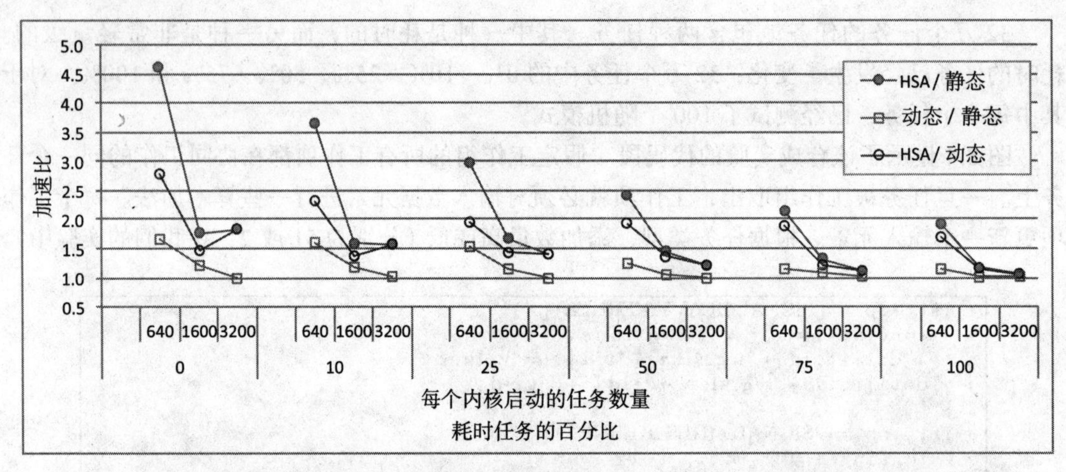

图 8.6　与静态和动态执行队列方案相比较的任务队列系统的 HSA 实现的加速比。每个内核调用静态和动态方案处理 640、1600 或 3200 个任务。在 HSA 实现中，主机每次排队 320 个任务。同时还展示了动态方案与静态方案相比较的加速比。在不同的耗时任务比例下，执行了 32 万个合成任务

141

与动态方案相比，HSA 实现蕴含了额外的优点，即内核不需要重新启动。此外，静态和动态方案需要将输入任务和数据从池中复制到 GPU 工作组可访问的内存空间，导致性能下降。在 HSA 实现中，任务队列系统能够将任务副本与内核执行重叠，而在主机内存上直接访问输入数据和结果。重叠通过平台原子操作启用，允许主机和设备进行正确的同时插入和删除活动。

2. 实际应用实验：直方图计算

HSA 任务队列系统可用于许多具有工作负载相关计算的应用程序。作为一个说明性示例，在本节中，我们使用一个真实世界的内核来计算视频序列中每个帧的直方图。每个直方图反映每帧的像素的亮度分布。由于直方图化需要通过并发执行工作项进行原子加法，因此每个帧的执行时间可能会有很大差异。

在我们的实现中，一个 GPU 工作组计算一帧的直方图。按照上述三种方案准备静态执行、动态执行和 HSA 版本。测试使用 MPEG-7 内容集中的 3200 帧的四个视频序列。对于静态和动态方案，内核被调用多次。帧以 640、1600 或 3200 块进行处理。在 HSA 版本中，内核只启动一次。它使用两个 320 帧的队列，这允许主机线程在一个队列中排队一帧，而 GPU 工作组从另一个队列中提取帧。

图 8.7 显示了三个版本的执行时间。计算 32、64、128 或 256 个分箱的直方图。在静态和动态版本的情况下，该图显示了 640 帧的块的结果。这是比其他两个（1600 或 3200 帧）更好的结果。动态版本在所有情况下的执行时间都比静态版本的短。HSA 实现在所有视频序列中表现得更好。由于 HSA 任务队列系统的存在，所以实现了比静态和动态实现更好的负载平衡。

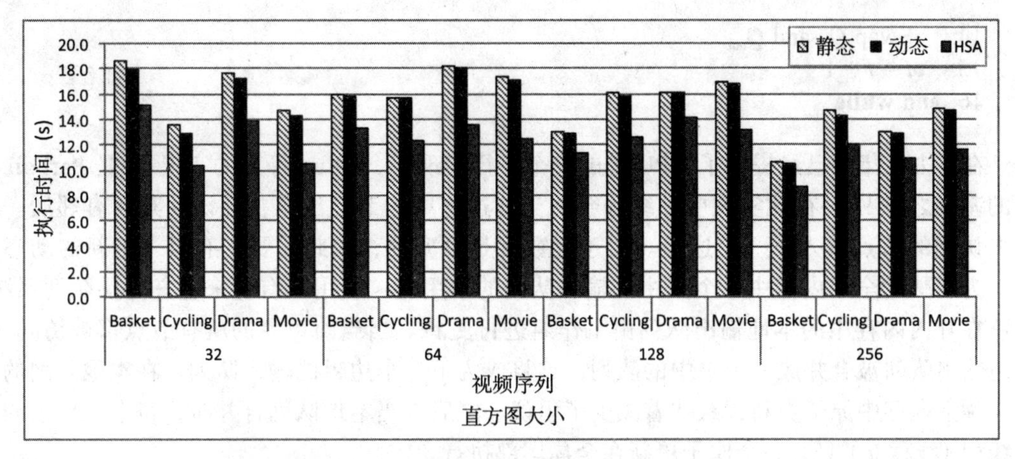

图 8.7　将视频序列的直方图计算的 HSA 实现的执行时间（s）与静态和动态排队方案的进行比较。每个内核调用静态和动态方案处理 640 帧。每个视频序列包含 3200 帧

8.4　广度优先搜索

广度优先搜索（BFS）是用于在图中搜索的算法。它从源节点开始，并在连续迭代中扩展边界。在每次迭代中，算法访问当前边界节点以获得对其尚未被访问的相邻节点的访问，并将它们作为下一个边界节点进行收集。典型的应用是找到源节点和图中每个节点之间的最短路径。 142

如算法 8.3 所示，BFS 的串行实现使用当前边界中的每个节点（来自输入队列）并将所有未访问的相邻节点排入下一个边界（在输出队列中）。这是一个迭代过程，直到输入队列为空。本质上，BFS 具有不规则的内存访问，因为访问节点的顺序取决于图的拓扑和搜索的起始节点。此外，每个访问节点的相邻节点的数量可以是可变的。

算法 8.3　广度优先搜索算法的串行实现

输入： 带有 `num_nodes` 个节点和 `num_edges` 条边的图G，以及源节点s

输出： 节点N的完整列表，其被发现的边界为f（即f表示从s到n所需的步骤）。每个节点n由一个元组（n，f）表示

伪代码：

1: Allocate an input queue Q_{in} and an output queue Q_{out}
2: Frontier $f = 0$
3: Enqueue s into Q_{in}
4: **while** Q_{in} not empty **do**
5:　**for** all nodes n in Q_{in} **do**
6: 　　Dequeue node n from Q_{in}
7: 　　Insert (n, f) into N
8: 　　**for** all edges e connected to n **do**
9: 　　　**if** node m connected to e is not in N **then**
10: 　　　　Enqueue m into Q_{out}
11: 　　　**end if**
12: 　　**end for**
13: 　**end for**

14:　Swap Q_{in} and Q_{out}
15:　$f = f + 1$
16: **end while**

在过去几年中已经提出了 GPU 上的几个并行实现 [9-12]。Luo 等人的实现 [13] 是 Parboil 套件的基准之一 [14]。在此实现中，线程会将当前边界中的节点出队，并访问其所有邻居。一些未访问的节点排入下一个边界。由于此数字是可变的，因此需要具有原子更新的动态队列。为了减少全局内存中单个集中式输出队列的争用量，应用私有化来定义分层队列系统。驻留在片内内存中的本地输出队列由工作组进行更新。当当前边界的所有节点都被访问时，本地输出队列被合并成一个集中的队列，这将成为下一个边界的输入队列。在本地队列的尾部在片上内存中原子更新，意味着减少了争议。之后，当本地队列合并时，每个工作组的引导线程（线程 0）只有一个原子更新在全局尾部执行。

在基线实现 [13] 中，内核针对每个边界启动，内核重新启动而需要固有的开销。假定每个边界都适合整个 GPU 的组合本地内存，需要一个更高效的内核版本，创建等于计算单位数量的多个工作组。因此，利用所有的片上资源，在探索当前边界时，同时执行的工作组执行全局屏障同步（见图 8.8 中的代码段）。

```
1 if(tid == 0){
2   atomic_add(&count, 1);
3   while(count < num_wg){
4     ;
5   }
6 }
7 // Synchronization
8 barrier();
```

图 8.8　GPU 上全局屏障同步的代码段。在每个工作组中，线程 ID 为 `tid = 0` 的线程更新全局计数器 `count`，并等待所有工作组到达该点（`num_wg` 是工作组的数量）。`barrier()` 同步是 OpenCL 工作组屏障同步，并确保工作组的其他线程等待，直到它们被启用以继续执行。如果工作组大小是波前，则可以将其删除

143～144

通过类似的方法，我们已经实现了一个 C++ AMP 版本，可在 GPU 内核上运行。将其与运行在 CPU 内核上的 BFS 版本进行比较。图 8.9 显示了 Kaveri A10-7850K 对四个图形的

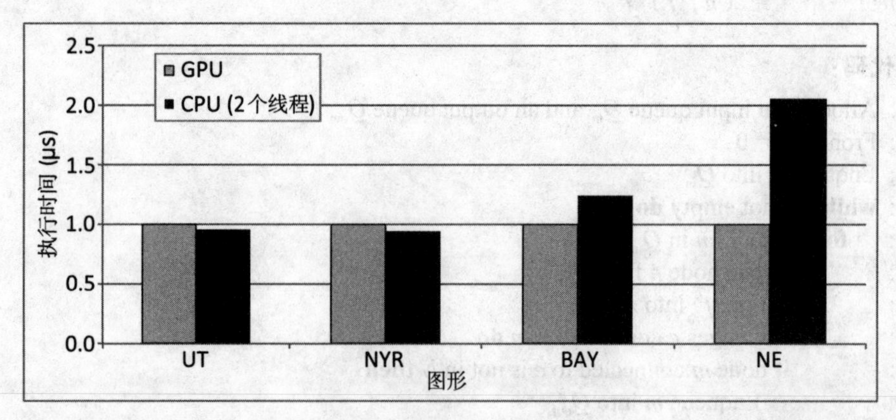

图 8.9　CPU（使用 2 个线程）和 GPU 的 BFS 执行时间（以微秒为单位）。结果被标准化为 GPU 上的执行时间。CPU 版本使用 2 个线程，GPU 版本使用 8 个 64 线程工作组

执行结果[14,15]。请注意，该算法对于某些图形在 CPU 上运行速度更快，而对于其他图形则在 GPU 上运行速度更快。实际上，这与每个边界的平均节点数相关。例如，NYR 中每个边界的节点的中位数为 388，小于 GPU 线程数，NE 为 1283。如果分析每次迭代的执行时间，那么在 CPU 内核处理速度非常短的前提下，这是值得注意的。随着节点数量的增加，GPU 核心成为更好的选择。然后，当每个边界的节点数量很大时，仅值得运行在 GPU 上。

遵循这一规律，根据每个边界的节点数量，可以在最合适的内核上运行 BFS 的每次迭代是有利可图的。在下面的章节中，介绍了传统实现和 HSA 实现，并进行了比较。

8.4.1 传统实现

传统实现不使用 HSA 功能，如主机一致性内存和平台原子。它执行 CPU 和 GPU 的协调执行，根据每个边界的节点数量在它们之间切换。为接下来要访问的节点数建立一个阈值。如果节点数量小于阈值，CPU 线程会探索下一个边界。否则，GPU 内核启动。在需要进行切换时，CPU 和 GPU 同步的唯一可能方式是完成 GPU 内核或 CPU 线程。当不需要切换时，CPU 线程或 GPU 内核继续生成和处理连续的边界，因为节点数保持在阈值以下。算法 8.4 提供了传统实现的伪代码。

145

算法 8.4 BFS 的传统实现

主机内存中的数组和变量： 包含节点和边的图 G，包含边界 f 的节点 N 的列表，输入队列`Q_input`，输出队列`Q_output`以及当前边界中的节点数`nodes_in_queue`

设备内存中的数组和变量： 上述每个数组和变量的副本

伪代码：

```
 1: Copy G from host memory to device memory
 2: nodes_in_queue = 1
 3: do
 4:   if nodes_in_queue < THRESHOLD then
 5:     Create CPU threads
 6:     Join CPU threads
 7:   else
 8:     Copy Q_input from host memory to device memory
 9:     Copy N from host memory to device memory
10:     Copy nodes_in_queue from host memory to device memory
11:     Copy current frontier f from host memory to device memory
12:     GPU_kernel
13:     Copy Q_input from device memory to host memory
14:     Copy N from device memory to host memory
15:     Copy nodes_in_queue from device memory to host memory
16:     Copy next frontier f from device memory to host memory
17:   endif
18: while (nodes_in_queue >0)
```

CPU 线程：

```
 1: do
 2:   Visit nodes in Q_input and enqueue unvisited neighboring nodes into Q_output
 3:   Synchronize CPU threads
 4:   Swap Q_input and Q_output
```

5: **while** (nodes_in_queue<THRESHOLD & nodes_in_queue>0)

GPU 内核：

1: **do**
2: Visit nodes in Q_input and enqueue unvisited neighboring nodes into local output queue
3: Merge local output queues into Q_output
4: Synchronize GPU work-groups
5: Swap Q_input and Q_output
6: **while** (nodes_in_queue≥THRESHOLD & nodes_in_queue>0)

146

可以看出，每次边界的节点数都超过阈值时 GPU 内核就会启动。在启动内核之前，边界节点将从主机内存复制到设备内存中。它是一个持久性内核，工作组在迭代结束时同步，使用图 8.8 中的全局同步。如果下一个边界的节点数仍然高于阈值，内核将继续运行。如 Luo 等人提出的有效版本 [13]，假设边界适合组合的本地内存，所以不需要重新启动内核的每一次迭代。只有当不超过此阈值时，内核才会完成，边界节点从设备内存复制到主机内存，CPU 线程处理下一个边界。

类似地，当节点数量低于阈值时，会创建 CPU 线程。如果使用多个 CPU 线程，则必须在访问边界的所有节点时进行同步。将节点的数量与阈值进行比较，从而线程将继续执行下一个边界或完成。

CPU 线程和 GPU 线程都从输入队列 Q_input 中获取节点，并将未访问的节点插入到输出队列 Q_output 中。动态输入分配可以实现两者，以便在给定节点的邻居数可变时确保负载平衡。CPU 线程在主机内存中的变量上使用 C++ 11 原子 fetch_and_add 来索引下一个节点，以从 Q_input 中取出。GPU 线程使用设备可访问内存中变量上的全局原子加法来执行相似的操作。在输出队列的情况下，CPU 线程也使用 fetch_and_add 更新关联的尾部变量。如上所述，GPU 线程使用在迭代结束时合并的本地输出队列。

8.4.2 HSA 实现

由于 HSA 功能，可以实现具有持久 CPU 线程和 GPU 内核的方案。因此，避免了由于内核启动和 CPU 线程创建引起的开销。此外，CPU 和 GPU 线程可以共享主机一致的内存中的全局队列，以及协调执行的原子变量。这节省了主机和设备内存之间的内存空间和复制时间。该方案在算法 8.5 中描述。

算法 8.5 BFS 的 HSA 实现

主机内存中的数组： 带有节点和边的图 G

设备内存中的数组： 包含节点和边的图 G 的副本

主机一致性内存中的数组和变量： 具有被发现的边界 f 的节点 N 的列表，输入队列 Q_input，输出队列 Q_output 以及当前边界节点中的节点数目 nodes_in_queue

伪代码：

1: Copy G from host memory to device memory
2: nodes_in_queue = 1
3: Create CPU threads
4: **GPU_kernel**
5: Join CPU threads

CPU 线程：

1: **do**
2: **if** nodes_in_queue < THRESHOLD **then**
3: Visit nodes in Q_input and enqueue unvisited neighboring nodes into Q_output
4: Swap Q_input and Q_output
5: **endif**
6: Synchronize CPU threads and GPU work-groups
7: **while** (nodes_in_queue > 0)

GPU 内核：

1: **do**
2: **if** nodes_in_queue ⩾ THRESHOLD **then**
3: Visit nodes in Q_input and enqueue unvisited neighboring nodes into local output queue
4: Merge local output queues into Q_output
5: Swap Q_input and Q_output
6: **endif**
7: Synchronize CPU threads and GPU work-groups
8: **while** (nodes_in_queue > 0)

可以看出，有必要在 CPU 和 GPU 之间实现全局同步，这可能使用主机一致内存上的平台原子。图 8.10 显示了实现它的代码段。在 CPU 中，一个主线程等待直到所有 CPU 线程和 GPU 工作组都已到达同步点（即它们增加了由 ptr_end 指向的原子变量）。引导线程更新由 ptr_run 指向的原子变量，因此其余的 CPU 线程和 GPU 工作组将被释放以继续执行。

147~148

```
1  // CPU side
2  f++;
3  (ptr_end)->fetch_add(1);
4  if(CPUtid == 0){
5    while((ptr_end)->load() < num_wg + num_CPUthreads){
6      ;
7    }
8    (ptr_end)->store(0);
9    (ptr_run)->fetch_add(1);
10 }
11 else{
12   while((ptr_run)->load() < f){
13     ;
14   }
15 }
16
17 // GPU side
18 f++;
19 if(tid == 0){
20   (ptr_end)->fetch_add(1);
21   while((ptr_run)->load() < f){
22     ;
23   }
24 }
25 barrier(); // Synchronization
```

图 8.10 跨 CPU 和 GPU 的全局屏障同步代码段。它在由 ptr_end 和 ptr_run 指向的主机一致性内存中的两个原子变量上使用平台原子。ID 为 CPUtid = 0 的 CPU 线程等待，直到所有 CPU 线程和 GPU 工作组更新了 ptr_end 指向的变量。接下来，这个 CPU 线程增加 ptr_run 指向的变量，该变量计算边界数 f。然后，所有的 CPU 线程和 GPU 工作组都可以继续运行

8.4.3 评估

本节比较了BFS的传统和HSA实现。实验已经在具有Radeon R7 Graphics的AMD Kaveri A10-7850K APU上运行。该代码已在C++ AMP中开发。在这些实验中使用了14种不同的图。其中两个来自Parboil数据集[14]。其余的可以在DIMACS挑战网站找到[15]。

在GPU方面，这两种实现方式使用与Kaveri APU中的计算单元数量相同数量的工作组数，即8个。每个工作组的大小是一个波前。我们测试了其他执行配置（例如，每个工作组最多4个波前，每个GPU最多16个工作组），但性能结果相似。在CPU方面，我们尝试了1、2和4个CPU线程。始终使用2个共享L2缓存的CPU线程获得最高性能。Kaveri的CPU中有两个CPU内核的L2缓存。两个运行的CPU线程被调度为共享L2缓存，从而避免L2缓存之间的内存一致性流量。在运行4个CPU线程的情况下，一致性流量会降低性能。

传统的实现方法和HSA实现都是执行一次迭代，即在CPU上或GPU上访问一个边界的节点。这取决于边界的节点数与某个阈值相比较。我们已经测试了不同的阈值：64、128、256和512。通过执行纯CPU和纯GPU实现，可以进行比较。

图8.11显示了传统实现的执行结果。它与使用2个线程的纯CPU实现进行比较。与执行时间一起，对于每个测试（阈值和图），表示GPU内核调用的数量。GPU内核调用次数与执行时间之间的明确关系是显而易见的。可以看出，这种传统实现的主要缺点是每当下一个边界的节点数相对于阈值改变时，GPU内核应重新启动，或者应该创建CPU线程。由于内核重新启动或CPU线程创建以及数据传输存在显著的开销，如算法8.4所示。这使得CPU和GPU的切换执行完全不可行，因为它始终优于具有2个线程的纯CPU版本。

149

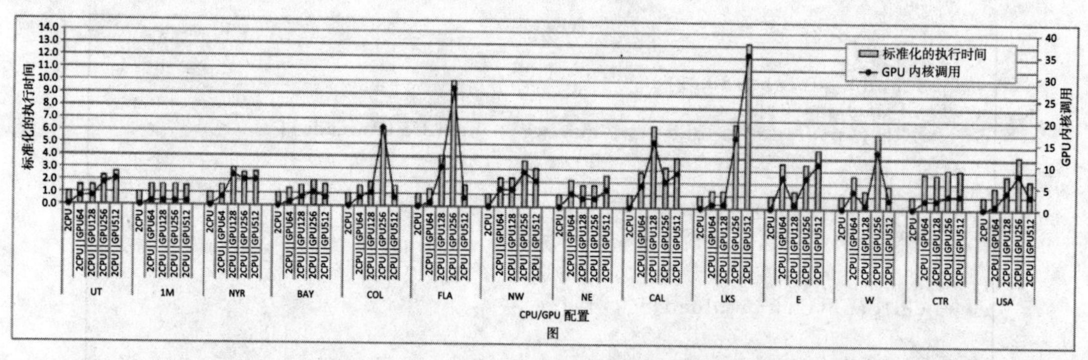

图8.11 在CPU（使用2个线程）和GPU上的传统BFS实现的执行结果。结果被标准化为2个CPU线程的执行时间。因此，高于1.0的列代表相对于2个CPU线程版本的减速。每个组合CPU‖GPU版本的阈值为每边界64、128、256和512个节点

如图8.12所示，HSA实现受益于CPU和GPU之间的动态交换。存在64或128（即所推出的GPU线程的四分之一或一半）的最佳阈值，其通常具有最佳性能。在图中，输入图按节点总数排序。最右边的那些通常有很大的边界，所以纯GPU版本明显优于纯CPU版本。在这些情况下，协调的HSA实现为大多数边界选择GPU。特别有趣的是最左边的图，其中HSA实现显著地优于纯CPU和纯GPU版本。例如，在图UT的最佳位置，HSA实现比纯GPU快39%，比纯CPU快34%。图8.13给出了每个边界的平均节点数以及CPU和GPU上访问的边界的百分比。两者都显示出类似的趋势，并且可以与执行时间结果进行比较。

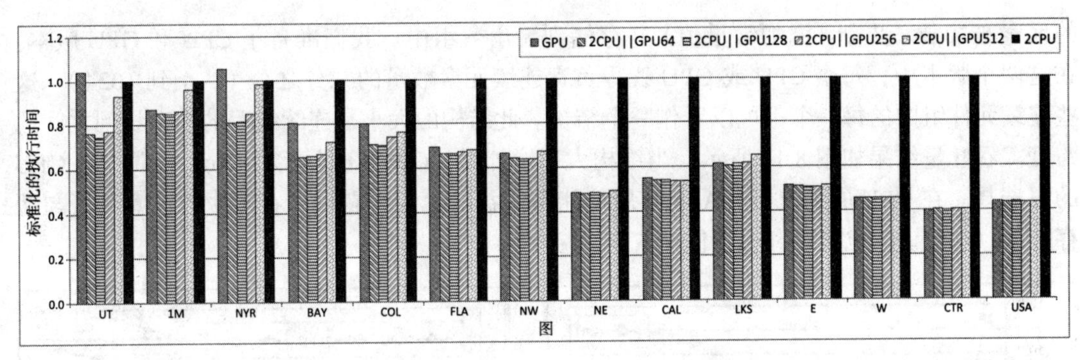

图 8.12　在 CPU（使用 2 个线程）和 GPU 上的 BFS 的 HSA 实现的执行结果。结果被标准化为 2 个 CPU 线程的执行时间。每个组合 CPU ‖ GPU 版本的阈值为每边界 64、128、256 和 512 个节点

150

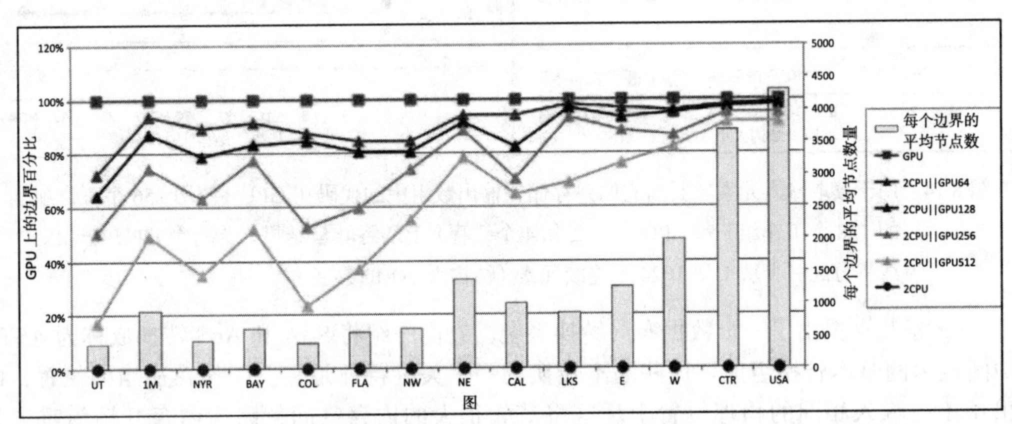

图 8.13　在 GPU 上访问的边界的百分比，以及 14 个图的每个边界的平均节点数。每个组合 CPU ‖ GPU 版本的阈值为每边界 64、128、256 和 512 个节点

8.5　数据布局转换

数据布局转换例程可以在异构系统中起很大的帮助，因为它们能够根据面向延迟和面向吞吐量的计算单元的内存访问偏好来重构数据。

传统上，面向延迟的 CPU 具有较大的片上高速缓存。只要数据集适合高速缓存，可实现的内存带宽对访问模式非常敏感。因此，CPU 数据集倾向于承担遵循外部数据文件中使用的自然组织的布局。例如，如果数据集的每个元素由若干个值组成，例如彩色像素的 RGB 值，则每个数据元素的值被布置在连续的内存位置，这与大多数自然文件格式的摄像机一致，这种布局通常称为结构数组（AoS）布局。

面向吞吐量的 GPU 往往具有更小的片上高速缓存。因此，高效的片外内存访问对于性能至关重要。为了实现这一目标，最常见的优化是结合内存访问，即使相邻线程访问相邻的内存位置。这样，因为避免了跨度访问，内存事务将被更有效地利用。在像素示例中，GPU 趋向于优选数据布局，其中由并发执行线程处理的像素的所有 R 值都在连续的位置，后面是 G 值，然后是 B 值。这种布局通常称为 SoA 布局或相关的离散数组（DA）布局。

为了说明这些差异，我们已经在 AMD Kaveri 上测试了一个简单的代码，其中输入数组

的元素被加载、更新（添加常量值）并存储到输出数组中。我们准备了CPU和GPU版本。在这两个版本中，每个CPU或GPU线程负责连续元素数量的二分之一（从1到1024）。这些连续元件组中的每一个都可以看作一个结构。此结构的大小是连续线程的内存访问之间的跨度。吞吐量结果如图8.14所示。当结构大小增加时，GPU急剧减缓：AoS布局不是GPU的好选择。在CPU的情况下，AoS布局可能是有益的，因为它可以在图中被注意到。与缓存一起，这些访问也可以利用硬件预取。

151

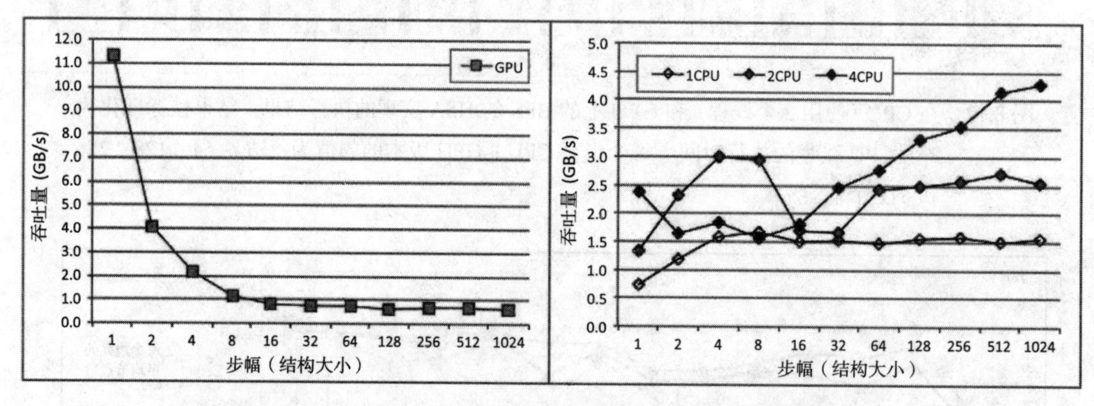

图8.14 用于读取输入元素、更新它们并存储在输出数组中的代码在GPU（使用256个工作项的128个工作组）和CPU（1、2和4个线程）上的吞吐量结果。为每个CPU或GPU线程分配一个从1到1024个连续元素（结构大小）的数字

Sung等人[1]提出了一个数据布局转换系统。它由一组将SoA和AoS转换成称为ASTA的中间表示的基本转换组成。这些基本转换的一个关键特征是它们工作在适当的位置，即输出位于与输入相同的物理位置上。这将节省很大的内存空间，因为内存开销为零或是非常微不足道的（仅有一些辅助位用于协调）。图8.15显示了SoA、AoS和ASTA三种布局。

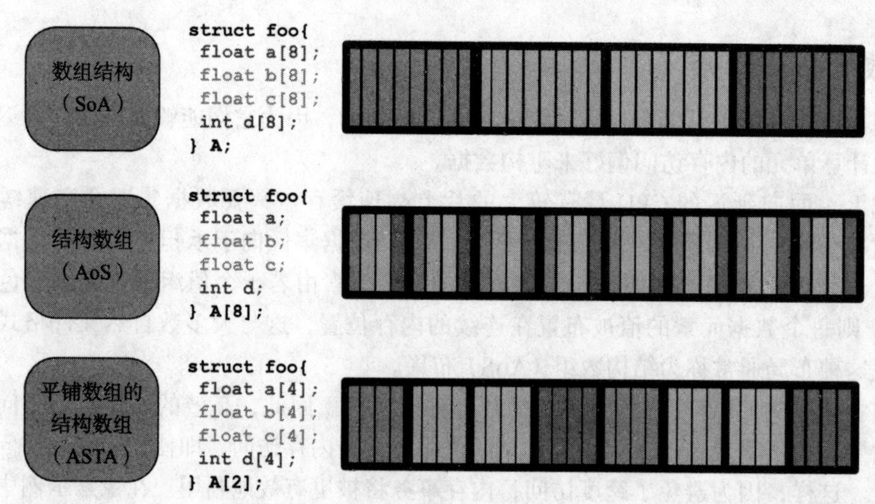

图8.15 数组的三种可能的布局：数组结构（SoA）、结构数组（AoS）和平铺数组的结构数组（ASTA）

ASTA布局展示了跨不同体系结构的高带宽内存访问。此外，基本转换实现了峰值内存带宽的很大一部分，使得可以以低成本执行SoA-ASTA和AoS-ASTA转换。最近，这些

基本转换已经成功地用于实现 NVIDIA 和 AMD GPU 上普通矩阵的完全置换[16]。其中，瘦矩阵换位的特殊情况相当于 SOA-AOS 或 AOS-SOA 转换。这意味着它可以通过诸如 SoA-ASTA 加上 ASTA-AoS 转换或 AoS-ASTA 加上 ASTA-SoA 转换的序列来解决。

在本节中，我们专注于 SoA-ASTA 转换，因为它基于使用 GPU 内存上的原子操作来协调执行的算法。通过用平台原子替换这些 GPU 原子操作，可以设计一个合作的 HSA 实现，其中工作负载由 CPU 线程和 GPU 工作组共享。因此，可以获得比纯 GPU 版本更高的吞吐量。

8.5.1 使用 PTTWAC 算法进行 SoA-ASTA 转换

SoA 是一个二维组织 $M \times N$。在主排列中，M 是数组的数量，N 是每个数组的大小。通常，$M << N$。为了转换为 ASTA 布局，N 可以被分解为 $N' \times n$，使得 SoA 可以被看作是三维组织 $M \times N' \times n$。每个 n 元素可以被认为是一个超元素或一个平铺。

本质上，SoA-ASTA 转换执行矩阵 $M \times N'$ 的置换，其中每个元素是大小为 n 的超元素。以这种方式，SoA-ASTA 转换从 $M \times N' \times n$ 转换成 $N' \times M \times n$。根据矩阵置换的定义，位置 (i, j) 中的每个超元素将被移动到位置 (j, i)。在线性排列主排列中，位置 (i, j) 中的超元素在地址 $k = i \times N' + j$ 中。在置换后，该超元素将在地址 $k' = j \times M + i$ 中。从 k 映射到 k' 的表达式在公式（8.1）中。

$$k' = \begin{cases} k \times M \mod(M \times N' - 1), & 0 \leqslant k < M \times N' - 1 \\ M \times N' - 1, & k = M \times N' - 1 \end{cases} \tag{8.1}$$

公式（8.1）计算矩阵元素移动到的目的地。因为超元素移动到位，每个超元素必须被保存并进一步转移到下一个位置。这会产生一个循环或变化的链。例如，对于 5×3 行专用矩阵，循环为（0）(1 5 11 13 9 3)（7）(2 10 8 12 4 6)（14）。

152 ≀ 153

这种置换的直接并行实现将这些循环中的每一个分配给 GPU 工作组或 CPU 线程。它们只需要遵循公式（8.1）生成的循环。这种循环跟随算法称为 IPT[17]。然而，该算法具有负载不平衡问题，因为循环数和它们的长度是非常可变的。例如，上述 5×3 矩阵具有长度为 6 的循环和长度为 1 的循环。

为了解决这种负载不平衡问题，Sung 等人[1]提出了一种称为并行－平铺－移位－跨越－循环（Parallel-Tile-Transpose-Within-and-Across-Cycles，PTTWAC）的新算法。该算法的要点是拥有在同一个循环内工作的多个工作组，并通过使用原子操作进行协调。$M \times N'$ 位辅助内存用于标记超元素何时已被移位。算法 8.6 描述了该算法。

算法 8.6 并行－平铺－移位－跨越－循环（PTTWAC）

设备内存中的数组： 一个由 n 个超级元素组成的数组 A（它从 $M \times N'$ 重新整形为 $N' \times M$）。用 $M \times N'$ 标记完成的辅助数组标记超级元素是否已被移位

片上内存中的数组和变量： 超级元素的临时内存（寄存器或本地内存）——数据和备份。变量对工作组中的所有工作项都可见，以存储当前超级元素的标志

伪代码：

1: Launch *num_wg* work-groups with ID `wg_id`, which contain `wg_size` work-items with ID `tid`

```
2: gid = wg_id
3: while gid < M × N′ − 1 do
4:    next = gid × M mod (M × N′ − 1)
5:    if next = gid then
6:       Continue // No need to shift
7:    end if
8:    Save super-element A[gid] into data
9:    if tid = 0 then
10:      done = atomic_or(finished[gid]; 0)
11:   endif
12:   Local barrier synchronization
13:   while done = 0 do
14:      Save super-element A[next] in to backup
15:      if tid = 0 then
16:         done = atomic_or(finished [next], 1)
17:      end if
18:      Local barrier synchronization
19:      if done = 0 then
20:         Move super-element in data to A[next]
21:      end if
22:      Move super-element in backup to data
23:      next = next × M mod (M × N′ − 1)
24:   end while
25:   gid = gid + num_wg
26: end while
```

154

8.5.2 PTTWAC 的 HSA 实现

通过分配数组 A 和在主机一致内存中完成的辅助数组，可以实现 PTTWAC 的 HSA 版本。辅助数组中的标志可以用平台原子 `load()`（算法 8.6 的第 10 行）读取，并用平台原子 `exchange(1)`（第 16 行）进行更新。通过这种方式，CPU 线程可以与 GPU 工作组协作，以在整个循环中转换超元素。

算法 8.6 的第 2 行和第 25 行中不是静态地将超元素分配给工作组，而是部署动态赋值。在主机一致内存中的原子变量用平台原子 `fetch_add(1)` 更新，返回值是超元素要移位的索引。

8.5.3 评估

本节评估了 PTTWAC 的 HSA 版本，并将其与纯 CPU 和纯 GPU 版本进行了比较。实验已经在具有 Radeon R7 Graphics 的 AMD Kaveri A10-7850K APU 上运行。该代码已在 C++ AMP 中开发。

首先，我们已经运行了 300 多个不同数组大小的实验。M 是 2 到 256 之间的 2 的幂。N 是 16 384 ～ 131 072 范围内的 2 的幂。超元素大小 n 是 2 和 1024 之间的 2 的幂。对于 M、N 和 n 的每个组合，运行了纯 GPU 版本、纯 CPU 版本（具有 1、2 和 4 个 CPU 线程）和协同 HSA 版本（1、2 和 4 CPU 线程加 GPU）三种版本。GPU 发射了 256 个工作项的 128 个工作组。

这些实验的目标是发现一些趋势，定义哪个配置对每个数组更有利。在图 8.16 中，通过对执行结果进行标准化，并按照超元素大小 n 进行排序，可以看出，具有 1 个线程的纯 CPU 版本为 $n \leqslant 32$ 的大多数情况提供了最佳结果。由于 L2 上的虚假共享，当多个 CPU 线程被使用时，一致性协议很有可能使缓存行无效。这将加重 2 和 4 线程的 CPU 版本。还可以观察到，在这些情况下，纯 GPU 版本通常会获得最低的吞吐量。假设来自 GPU 的内存事务应该针对整个波前进行优化，超元素如此之小使得工作组仅使用每个内存事务的一部分。

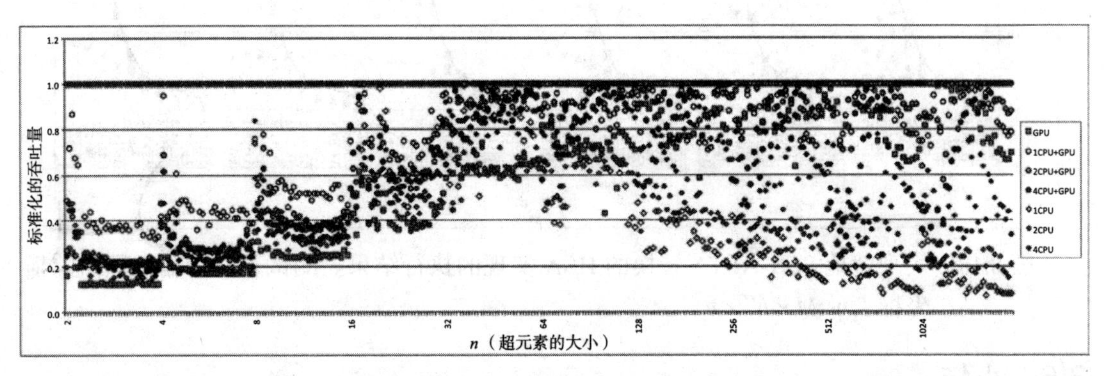

图 8.16　纯 CPU、纯 GPU 和协同 HSA 版本的 PTTWAC 的标准化吞吐量。结果按从 2 到 1024 的超元素大小 n 排序。CPU 线程数为 1、2 或 4

155

当 $n > 32$ 时，我们检测到每个配置的性能与超元素 $M \times N'$ 的数量有关。图 8.17 显示了在 64 和 1024 之间的 n 的 160 次实验的标准化吞吐量。根据超元素的数量对结果进行排序，可以看出，当超元素的数量为 512 或更小时，纯 GPU 版本通常优于协作版本。一旦超元素的数量增加，可以注意到，执行从 1、2 或 4 个 CPU 线程的帮助中获益。

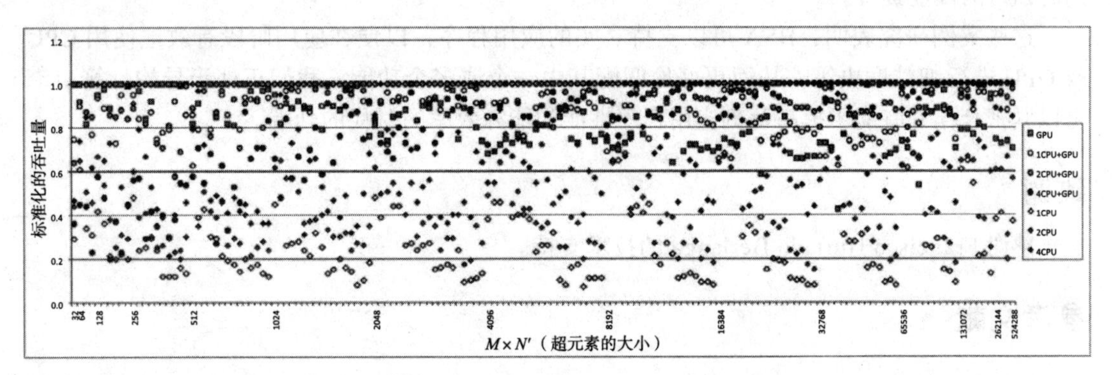

图 8.17　纯 CPU、纯 GPU 和协同 HSA 版本的 PTTWAC 的标准化吞吐量。结果按照超元素大小 $M \times N'$ 排序。CPU 线程数为 1、2 或 4

通过这些观察，给定数组维度可以自动选择最合适的配置。在图 8.18 中，我们测试了 Sung 等人 [1] 使用的六个真实数组。黑色细线表示自动配置结果。可以观察到，它在每种情况下与性能最好的版本相匹配。

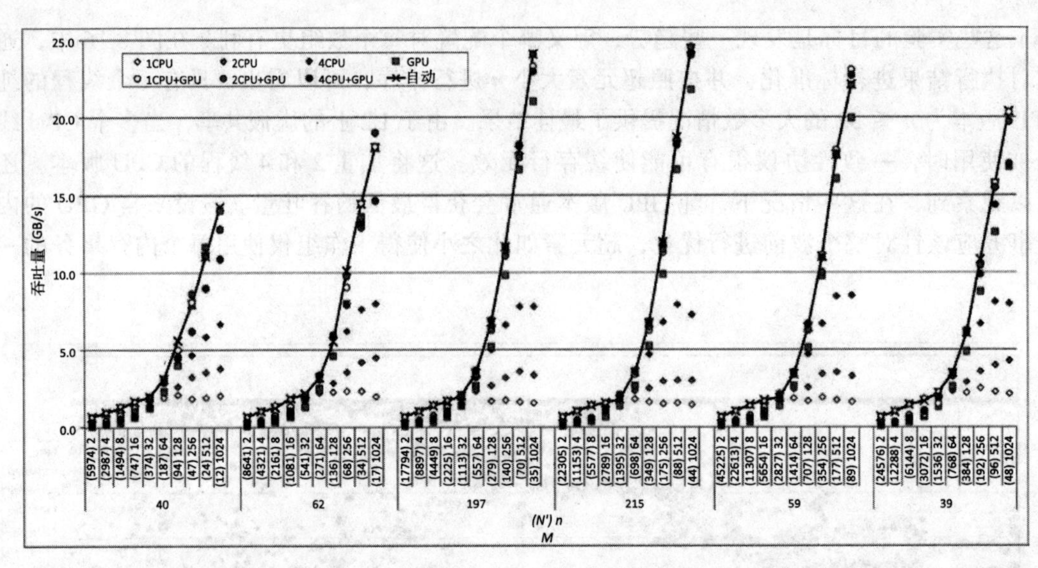

图 8.18　实现就地 SoA-ASTA 转换的 HSA 实现的执行结果。测试了六个输入数组。横坐标表示 $M \times N' \times n$

156

8.6　小结

本章介绍了使用 HSA 平台原子和主机和设备之间的一致共享内存的三个案例研究。对于每个案例研究，文中展示了基于真实硬件的实验结果，并表明使用 HSA 功能的实现明显优于传统实现。

HSA 任务队列系统获得更好的负载平衡，避免内核重新启动。BFS 的异构实现可以有利地选择以低成本在 CPU 或 GPU 上探索图边界，基本转换可以实现 CPU 和 GPU 计算单元同时执行的性能提升。

这些案例研究表明，HSA 可以支持真实的应用程序，以便在应用阶段有效地使用 CPU 或 GPU 进行细粒度决策，从而更好地匹配其中一个或多个功能。我们正处于异构计算引擎可以紧密合作并有助于提高苛刻应用程序性能和能源效率的时代的开端。

致谢

感谢 Francisco Hurtado Berlanga 的技术支持。

参考文献

[1] I.-J. Sung, G. Liu, W.-M. Hwu, DL: a data layout transformation system for heterogeneous computing, in: Innovative Parallel Computing, InPar, 2012, pp. 1–11, http://dx.doi.org/10.1109/InPar.2012.6339606.

[2] D. Cederman, P. Tsigas, Dynamic load balancing using work-stealing, in: GPU Computing Gems Jade Edition, 2011, pp. 485–499.

[3] S. Chatterjee, M. Grossman, A. Sbrlea, V. Sarkar, Dynamic task parallelism with a GPU work-stealing runtime system, in: S. Rajopadhye, M. Mills Strout (Eds.), Languages and Compilers for Parallel Computing, Lecture Notes in Computer Science, vol. 7146, Springer, Berlin, Heidelberg, 2013, pp. 203–217, http://dx.doi.org/10.1007/978-3-642-36036-7_14. http://dx.doi.org/10.1007/978-3-642-36036-7_14.

[4] D. Cederman, P. Tsigas, On dynamic load balancing on graphics processors, in: Proceedings of the 23rd ACM SIGGRAPH/EUROGRAPHICS Symposium on Graphics Hardware, GH '08, Eurographics Association, Aire-la-Ville, Switzerland, 2008, pp. 57–64. http://dl.acm.org/citation.cfm?id=1413957.1413967.

[5] L. Lamport, Specifying concurrent program modules, ACM Trans. Program. Lang. Syst. 5 (2) (1983) 190–222, http://dx.doi.org/10.1145/69624.357207. http://doi.acm.org/10.1145/69624.357207.

[6] L. Chen, O. Villa, S. Krishnamoorthy, G. Gao, Dynamic load balancing on single- and multi-GPU systems, in: Parallel Distributed Processing (IPDPS), 2010 IEEE International Symposium, 2010, pp. 1–12, http://dx.doi.org/10.1109/IPDPS.2010.5470413.

[7] NVIDIA Corporation, NVIDIA CUDA C Programming Guide 6.5, 2014.

[8] AMD, AMD Accelerated Parallel Processing. OpenCL User Guide, 2014.

[9] P. Harish, P.J. Narayanan, Accelerating large graph algorithms on the GPU using CUDA, in: Proceedings of the 14th International Conference on High Performance Computing, HiPC'07, Springer-Verlag, Berlin, Heidelberg, 2007, pp. 197–208. http://dl.acm.org/citation.cfm?id=1782174.1782200.

[10] Y. Deng, B. Wang, S. Mu, Taming irregular EDA applications on GPUs, in: IEEE/ACM International Conference on Computer-Aided Design – Digest of Technical Papers, ICCAD 2009, 2009, pp. 539–546.

[11] C. Lauterbach, M. Garland, S. Sengupta, D. Luebke, D. Manocha, Fast BVH construction on GPUs. Comput. Graph. Forum. 28 (2) (2009) 375–384, http://dx.doi.org/10.1111/j.1467-8659.2009.01377.x. http://dx.doi.org/10.1111/j.1467-8659.2009.01377.x.

[12] D. Merrill, M. Garland, A. Grimshaw, Scalable GPU graph traversal, in: Proceedings of the 17th ACM SIGPLAN Symposium on Principles and Practice of Parallel Programming, PPoPP '12, ACM, New York, NY, USA, 2012, pp. 117–128, http://dx.doi.org/10.1145/2145816.2145832. http://doi.acm.org/10.1145/2145816.2145832.

[13] L. Luo, M. Wong, W.-M. Hwu, An effective GPU implementation of breadth-first search, in: Proceedings of the 47th Design Automation Conference, DAC '10, ACM, New York, NY, USA, 2010, pp. 52–55, http://dx.doi.org/10.1145/1837274.1837289. http://doi.acm.org/10.1145/1837274.1837289.

[14] J.A. Stratton, C. Rodrigues, I.-J. Sung, N. Obeid, L. Chang, G. Liu, W.-M.W. Hwu, Parboil: a revised benchmark suite for scientific and commercial throughput computing, Tech. Rep. IMPACT-12-01, University of Illinois at Urbana-Champaign, 2012.

[15] University of Rome "La Sapienza", 9th DIMACS Implementation Challenge, http://www.dis.uniroma1.it/challenge9/index.shtml, 2014.

[16] I.-J. Sung, J. Gómez-Luna, J.M. González-Linares, N. Guil, W.-M.W. Hwu, In-place transposition of rectangular matrices on accelerators, in: Proceedings of the 19th ACM SIGPLAN Symposium on Principles and Practice of Parallel Programming, PPoPP '14, 2014, http://dx.doi.org/10.1145/2555243.2555266.

[17] F. Gustavson, L. Karlsson, B. Kågström, Parallel and cache-efficient inplace matrix storage format conversion, ACM. T. Math. Software. 38 (3) (2012) 17:1–17:32. http://doi.acm.org/10.1145/2168773.2168775.

157 ~ 158

第 9 章

Heterogeneous System Architecture A New Compute Platform Infrastructure

HSA 模拟器

Y.-C. Chung*, W.-C. Hsu**, S.-H. Hung**, T.B. Jablin†, D. Kaeli‡, Y. Sun‡, R. Ubal‡
台湾“清华大学”，中国台湾新竹市 *；台湾大学，
中国台湾台北 **，伊利诺伊大学厄巴那－香槟分校，美国伊利诺斯州厄巴纳，
MulticoreWare 公司，美国伊利诺伊州香槟市 †；东北大学，美国马萨诸塞州波士顿 ‡

9.1 在 Multi2Sim 中模拟 HSA

9.1.1 引言

异构计算将 CPU、GPU 和其他类型的加速器（如数字信号处理器（DSP））和现场可编程门阵列（FPGA）组合成单个计算体系结构。这些多设备、多核系统在性能和功耗方面都很有吸引力。异构系统已经成为诸如平板电脑和智能手机的低功率设备的标准，将 GPU 和其他加速器（如片上系统（SOC））集成在一起。随着 CPU 和 GPU 设备集成到单个芯片中，CPU 和 GPU 设备之间的协调和调度变得越来越重要，以获得良好的性能并降低功耗。

异构系统体系结构（HSA）是一种体系结构规范，旨在定义寻求克服多个设备集成路径上挑战的设备之间的协调。为了更好地了解不同类型的设备如何有效地协同工作，我们开发了符合 HSA 标准的仿真基础体系结构。该模拟器可以支持计算机体系结构研究、软件调优、编译器和终止器优化。Multi2Sim [1] 模拟器作为异构计算机体系结构模拟器来满足许多需求。

Multi2Sim [1] 是用于异构计算机体系结构仿真的开源工具集。它提供了几种流行的 CPU 指令集体系结构（ISA）的模拟，包括 x86、ARM 和 MIPS 以及 GPU 的 ISA 等，如 AMD 的 Evergreen 和 Southern Islands 以及 NVIDIA 的 Fermi 和 Kepler。Multi2Sim 的开发人员允许计算设备之间的交互，即使它们正在运行不同的 ISA。例如，Multi2Sim 可以模拟 OpenCL 程序，它由在 CPU 设备上运行的主机程序和面向 GPU 设备的并行执行内核组成。模拟的 CPU 设备执行主机程序并在 Southern Islands 目标上启动 NDRanges。此外，Multi2Sim 支持对 GPU 上的整个内存层次进行仿真。Multi2Sim 的关键特性是能够在逐个循环的基础上为异构系统提供定时仿真结果。

159

Multi2Sim 模拟器使用仅应用程序的仿真方案，模拟与底层操作系统的交互。这种选择与全系统模拟器或基于指令的模拟器相反。全系统模拟器实现整个 ISA 规范，并模拟所有连接的设备，包括磁盘和网络。这种类型的模拟器尝试提供运行未修改操作系统的相同用户体验，如在本机上运行。

指令级别模拟器可以很好地模拟可执行程序的指令执行。它实现了 ISA 规范的一个子集，但只是模拟内存和寄存器。指令级别模拟器是用于验证和调试目的的好工具。然而，为了提供支持异构执行的强大的模拟环境，我们选择了中间路径。

Multi2Sim 是作为仅仅为应用程序考虑来实现的仿真方法。模拟器核心实现与应用程序中存在的一组指令相关联的 ISA 规范的子集。Multi2Sim 虚拟化系统调用，开放即用地执行 OpenCL 程序，但只能证明应用程序代码的详细模拟。通过消除与操作系统交互的开销，模拟可以更快更简单。

Multi2Sim 模拟器由依赖组件组成，如图 9.1 所示，包括：反汇编器、仿真器、时序模拟器以及可视化工具。每个组件依赖于左侧的组件，但可以在缺少右侧组件时作为独立工具使用。例如，在不知道从时序模拟器产生的任何结果时，仿真器也可用于验证执行输出，但是它需要反汇编器来解析二进制可执行文件。反汇编器采用二进制文件，并为任何支持的体系结构生成与流行反汇编器完全相同的汇编代码。此外，反汇编器还提供了丰富的应用程序接口（API）来解析 Multi2Sim 中其他组件的指令字段。仿真器的目的是一步一步地产生相同的结果，就好像程序在本机上运行一样。

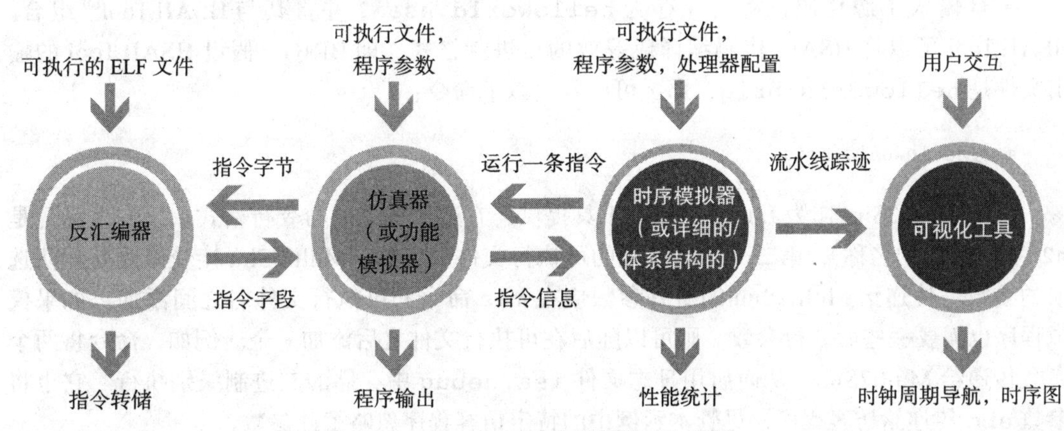

图 9.1　Multi2Sim 模拟器的四个组件

160

Multi2Sim 仿真器虚拟化寄存器文件和内存系统，并维护正在运行的程序的执行（如程序计数器）的内部状态。根据用户提供的机器描述，时序模拟可以准确地估计访客程序的执行时间。时序模拟器是基于循环的，如果相当详细，则可以为目标设备的性能提供高相对保真度。最后，可视化工具为处理器流水线提供交互式可视化。尽管其他两个组件正在开发中，目前 Multi2Sim 的 HSA 可以支持包括反汇编器和仿真器组件。

9.1.2 Multi2Sim-HSA

构建 Multi2Sim 的想法是支持异构计算模拟，特别是对于 CPU 和 GPU 设备。因此，Multi2Sim 是执行 HSA 仿真的最佳候选模拟框架之一。最近，Multi2Sim 开始支持中间语言级的功能仿真 HSA。具体来说，Multi2Sim 中的 HSA 仿真与平台无关，仿真不需要将代码完成到 ISA 中。独立于平台的设计保证模拟结果是通用的，不受硬件或终止器设计的影响。此外，Multi2Sim 模拟器提供了内部执行状态的详细记录功能，包括工作项结构，寄存器存储和内存层次结构。因此，Multi2Sim 可以作为调试串行和并行程序的非常有用的工具。在本节中，我们将简要介绍如何使用 Multi2Sim 来模拟 HSA 程序执行并讨论其底层仿真引擎。我们假设用户已经正确安装和编译了 Multi2Sim。有关安装说明，请参阅 9.1.8 节。

首先讨论一个简单的“helloworld”程序示例，作为如何模拟使用 Multi2Sim 执行 HSA 程序的过程。为具有一个功能的 helloworld HSA 程序提供了以下异构系统体系结构中间语言（HSAIL）[2] 代码。程序只需添加数字 1 和 2 才能输出求和。

```
function &m2s_print_u32 () (arg_u32 %integer) {};
kernel &main ()
{
    mov_u32 $s0, 1;
    mov_u32 $s1, 2;
    add_u32 $s2, $s0, $s1;
    {
        arg_u32 %num;
        st_arg_u32 $s2, [%num];
        call &m2s_print_u32 () (%num);
    }
};
```

161

一旦输入了源代码，将其保存为 **helloworld.hsail** 并将其与 HSAILTool[3] 组合。HSAILTool 可以将 HSAIL 代码编译成等效的二进制格式，即 BRIG。假设 HSAILTool 的输出文件是 **helloworld.brig**，那么可以发出以下命令：

```
m2s helloworld.brig
```

由于 Multi2Sim 作为 Linux 命令行工具提供，它遵循标准的命令行格式。第一个标记是 **m2s**（模拟器的名称），第二个是要模拟的可执行文件的名称。Multi2Sim 接受修改其默认选项的参数。传递给 Multi2Sim 的所有参数应在 **m2s** 命令和可执行文件名之间添加。如果模拟程序也需要一些命令行参数，则可以随后在可执行文件之后添加一个。例如，命令将两个参数传递给 Multi2Sim，从而启用日志文件 **isa.debug** 中存储的二进制级别执行。它也将参数 **abc** 传递给访客程序，尽管本示例中的特定访客程序忽略了此参数。

```
m2s --hsa-debug-isa isa.debug helloworld.brig abc
```

如果看到输出数字 3，说明已经成功地在 Multi2Sim 上模拟了第二个 HSA 程序。HSAIL 程序非常简单。它将寄存器 **$s1** 和 **$s2** 中的值分别设置为 1 和 2，然后计算它们的和。如果在本机上运行 HSA 代码，则可能会遇到两大差异。首先，不需要主机程序在 Multi2Sim 中启动核函数。其次，一般来说，核函数不能自己执行 I/O 操作，但是 Multi2Sim 为用户提供了一些 I/O 功能，便于读取或打印数据。

Multi2Sim HSA 的设计原则之一是允许用户尽可能轻松地测试其代码。为了测试简单的核函数，用户不应该编写长而重复的主机代码。因此，我们添加了对独立 HSA 程序的支持，来支持 HSAIL 执行，并允许从主核函数输入程序。此外，用户应该可以调试其代码并在此环境中生成输出。因此，Multi2Sim 允许用户从控制台读取和写入，提供一些基本的输入/输出功能。

9.1.3　HSAIL 宿主机 HSA

为了消除对主机代码的需要，Multi2Sim 允许用户直接从 HSAIL 程序启动 HSA 执行。这允许用户专注于学习 HSAIL，并使他们能够调试 HSA 程序，而不需要编写主机代码的开销，这可能比编写简单的核函数本身需要更长的时间。Multi2Sim 实现核函数的启动和执行。首先，一旦模拟器启动，它会自动启动核函数。其次，整个 HSA 运行时系统 [4] 由 HSAIL

中的 Multi2Sim 通过一组运行时功能和一组虚拟设备驱动程序来支持。虽然 HSA 基金会提供了 Okra [5]，它是一个轻量级界面，用于在模拟器上启动核函数，但 Multi2Sim 可以模拟系统运行时，允许用户捕获设备之间的交互，并提供有关运行时执行的更多信息。 162

1. 程序输入

主核函数定义为：`kernel &main (kernarg_u32 %argc, kernarg_u64 %argv)`

执行以一个名为 & `main` 的核函数开始。`main` 有两个参数：`%argc` 和 `%argv`。使用这种标准的 C 风格程序界面。详细地说，`%argc` 是一个无符号的 32 位长整型，存储参数数，而 `%argv` 是指向一个参数串数组的平面地址（从第一个字符开始）。如果开发人员决定不使用命令行参数，则可以省略这些核函数参数。当模拟开始时，模拟器将首先为主机 CPU 设备创建一个体系结构排队语言（AQL）队列，自动将 AQL 数据包注入到队列中以启动 `&main` 核函数。这个核函数启动在主 CPU 设备上形成一个网格，在网格上只有一个工作项。主网格的执行被序列化。然而，通过使用运行时功能，用户可以轻松发现在模拟机器中运行的其他设备并启动并行核函数。

2. HSA 运行时截取

运行时系统被定义为一组函数。用户可能需要调用这些运行时函数来添加队列、调度核函数或执行其他与运行时相关的任务。在官方运行时函数和 Multi2Sim HSAIL 运行时函数之间存在一对一的映射。映射很简单。要直接在 Multi2Sim 中使用运行时函数，我们需要知道相关的官方运行时函数。例如，如果 C 中的官方运行时函数是：

```
uint64_t hsa_queue_add_write_index_relaxed
    (hsa_queue_t * queue, uint64_t value);
```

那么相应的 Multi2Sim HSAIL 函数将是：

```
function &hsa_queue_add_write_index_relaxed
    (arg_u64 %ret) (arg_u64 %queue, arg_u64 %value) {};
```

基本规则如下：

- 除了 HSAIL 规范要求的函数名称前添加 `&` 之外，函数的名称是相同的。
- 输入和输出参数保持相同的类型。参数的名称可以是任何有效的 HSAIL 变量名称。
- 指针均由 64 位整型地址表示，与机器类型无关。如果用户使用较窄的（例如 32 位）机器，则必须使用该类型。
- 用户不需要实现该功能。即使它们在函数体中写入，这些指令也将被模拟器忽略。 163

在内部，模拟器实际上并不执行运行时函数。相反，它拦截它们的调用，并将它们转换成应用程序二进制接口（ABI）调用，传递给 HSA 虚拟设备驱动程序。驱动程序执行指定的动作，并通过内存返回结果。运行时函数使用回调函数时会发生特殊情况。驱动程序为回调函数构建一个栈帧，并返回到仿真环境。回调函数返回后，驱动程序再次截取执行，并返回到调用运行时函数的位置。

3. 基本 I/O 支持

由于 Multi2Sim-HSA 支持运行独立的 HSA 程序，因此需要提供与程序有效交互的功能。在 Multi2Sim-HSA 中为 HSAIL 提供了有限的 I/O 支持。在实际硬件中，如果内核想要执行 I/O 操作，则必须构建一个 AQL 数据包并将其发送到 CPU。模拟器通常使用系统调用处理 I/O 命令，如在 SPIM MIPS 模拟器中实现的那样。但是，目前的 HSAIL 规范还不具备系统调用接口。因此，Multi2Sim 支持一组自定义的类库函数，用于 I/O。一般格式如下：

```
function &m2s_action_TypeLength
    (arg_TypeLength %input)
    (arg_TypeLength %output)
```

该动作可以打印或读取。类型和长度可以是整型、无符号整型、位串或浮点型，并由 HSAIL 支持。对于输入函数，仅显示第一组括号中的参数，而参数仅用于输出函数。参数类型和长度必须与函数名称中的类型和长度相同。

9.1.4 HSA 运行时

虽然从 HSAIL 程序启动核函数是非常方便的，但用户可能想要模拟一些未修改的 HSA 程序，它们由运行在 CPU ISA 上的主机程序和用于并行执行核函数的 BRIG 文件组成。此外，用高级语言编写主机程序比在 HSAIL 中容易得多。因此，开发人员决定让 Multi2Sim 支持通过 Multi2Sim 的 x86 组件模拟主机程序的执行。

在 Multi2Sim 目录中提供 HSA 运行时实现。但是，它不是 Multi2Sim 模拟器的一部分。编译主机程序时，用户必须与提供的 Multi2Sim 运行时库链接。如果运行时库被静态链接，它将成为在 Multi2Sim 中模拟的客户程序的一部分。当运行时库被模拟时，它使用 `ioctl` 系统调用与 Multi2Sim HSA 设备驱动程序通信，并且可以执行各种操作，例如设备能力查询、队列创建、内核调度和设备上的原子信号操作。 164

9.1.5 仿真器设计

1. 仿真器层次结构

Multi2Sim-HSA 仿真器已经分层设计，如图 9.2 所示，当我们向下移动层次结构时，每个级别都以更细的粒度表达。仿真器由多个 HSA 内核代理组成。在 HSA 术语中，内核代理是支持 HSA 规范并运行 HSA 内核的设备。它都创建并消耗 AQL 内核调度数据包。当内核被调度时，它形成一维、二维或三维网格。根据设备的功能，代理可以同时运行一个或多个网格。如果在设备忙时调度其他内核，则会在 AQL 队列中等待。网格分为工作组，可进一步分为波前和工作项。工作项是计算工作的最低层次单位；所有计算都以工作项单位计算。工作项的分发以循环方式进行。例如，如果一个工作组有 4 个波前，第二个波前将在第一个波前完成后开始执行。在执行第一个波前期间，属于波前的所有工作项依次模拟一条指令。

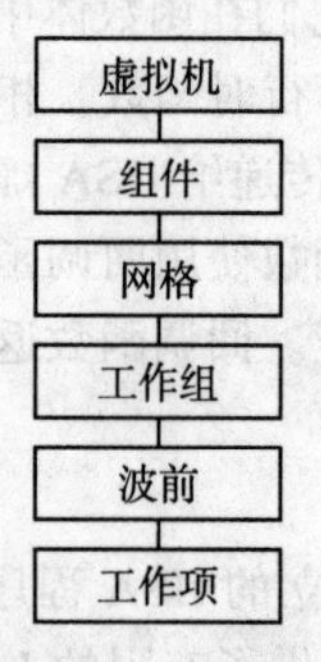

图 9.2　Multi2Sim-HSA 仿真器的分层设计

每个工作项保存独立的函数调用栈。根据 HSA 规范，寄存器绑定到函数，参数不能通过寄存器传递。此外，变量分配给特定的内存分段并具有离散地址。因此，在程序栈结束时寻址为内存区域的标准栈帧将不适用于HSAIL仿真。我们需要一种可以管理寄存器文件并使用存储在几个不同地方的变量进行处理的机制。在Multi2Sim-HSA中，提供了一个不同于传统栈帧的栈帧。在模拟器中，每个栈帧捕获模拟状态的快照。栈帧保存寄存器、参数和变量的当前状态。对于寄存器，栈帧保留变量名称和值。传统的栈帧必须跟踪其在内存中的地址。

165

当创建工作项时，也会在栈中创建第一个栈帧。模拟器将程序计数器设置为指向BRIG文件代码段中的第一个条目。根据BRIG规范，指令（instruction）和指示（directive）在代码段中混合，因此程序计数器可以指向指令或指示。Multi2Sim将指令与指示等同，消耗仿真器周期来执行它们。pragma或变量声明是一个指示的例子。一旦完成了指令或指示的执行，程序计数器被更新为指向 `hsa_code` 部分中的下一个条目。通过重复此操作，模拟器执行指令/指示，直到所有工作项完成执行，并且没有更多的内核在队列中等待。

2. 内存系统

Multi2Sim-HSA严格遵循HSA规范[6]中定义的内存层次，但也创建了自己的内存系统，如图9.3所示。有一个内存对象从主机环境请求内存并管理客户机内存空间。内存对象作为平面内存地址空间进行管理。内存分配和释放被委派给内存管理器，内存管理器运行最佳匹配算法。内存管理器还负责为全局变量分配内存。

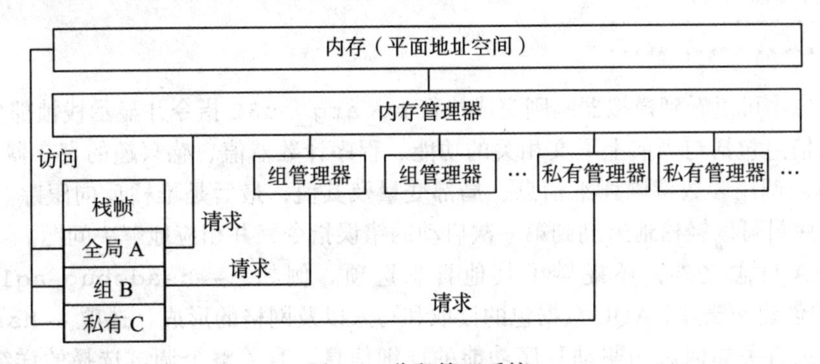

图 9.3 分段管理系统

分段内存空间需要内部段地址和平面地址之间的地址转换。因此，创建段内存管理器以委派涉及非全局段的操作。当请求内存分段时，调用对应的内存分段管理器，并且经由全局内存管理器分配所请求的内存量。例如，当启动核函数时，AQL数据包显式地请求保存组段和私有段所需的内存量。无论何时启动工作组或工作项，都会从全局段分配内存，并将其标记为特定类型的段。在为每个变量完成这些步骤之后，段中声明的所有变量都具有相对于该段开头定义的地址。当访问这些变量时，分段管理器首先将内部段地址转换为平面地址，使得工作项可以直接向内存发出加载或存储。

166

9.1.6 日志与调试

除了支持HSAIL程序输出外，Multi2Sim-HSA模拟器还提供了丰富的日志记录工具来捕获和记录模拟器的内部状态。例如，通过发出如下命令：

```
m2s --hsa-debug-isa isa.debug hello_world.brig
```

用户可以在日志文件 isa.debug 中记录有关每条指令执行的详细信息。

以下日志摘录对应于执行 helloworld 示例的一行。

```
Executing: st_arg_u32 $s2, [%num] ;
***** Stack frame *****
   Function: &main,
   Program counter (offset in code section): 0xe4, call &m2s_print_u32
   () (%num) ;
   ***** Registers *****
     $s0: 1, 1, 0.000000, 0x00000001
     $s1: 2, 2, 0.000000, 0x00000002
     $s2: 3, 3, 0.000000, 0x00000003
   ***** ********* *****
   ***** Function arguments *****
   ***** ******** ********* *****
   ***** Argument scope *****
     u32 %num(0x4) = 3 ( 0x00000003 )
   ***** ******** ***** *****
   ***** Variables *****
   ***** ********* *****
   ***** Backtrace *****
     #1 &main ()
   ***** ********* *****
***** ***** ***** *****
```

上述日志中可以看到模拟器刚刚完成执行 st_arg_ u32 指令并显示栈帧部分的内部状态。捕获的信息包括与当前上下文相关的功能、程序计数器值、感兴趣的寄存器 / 值、调用参数及其值、调用参数范围详细信息、局部变量及其值，最后是堆栈反向跟踪。调试 HSA 程序时，程序员可以轻松地追溯到第一次启动的错误指令，并相应地解决问题。167

除了 ISA 日志之外，还提供了其他日志选项。例如，--hsadebug-aql 可以跟踪 AQL 队列的创建和删除，AQL 数据包的读取和写入以及网格的形成。选项 --hsa-debug-driver 记录有关如何调用驱动程序功能的详细信息。有关整个调试选择的详细信息和说明，用户可以运行命令 m2s --help。

9.1.7 Mulit2Sim-HSA 路线图

将来，Multi2Sim 将为 HSA 体系结构提供详细的时序仿真。HSAIL 程序无法直接运行时序仿真，因为 HSAIL 是一种中间语言，不能直接在硬件上运行。但是通过配备特定设备的终止器，可以翻译 HSA 内核来定位特定设备的 ISA 并执行详细的时序仿真。幸运的是，Multi2Sim 提供了多个时序仿真模块，包括 CPU 和 GPU 设备。调用 Multi2Sim 中提供的 HSA 运行时并将其连接到不同的设备可以轻松实现所需的时序仿真。

9.1.8 安装与支持

有关 Multi2Sim 项目的所有更新信息，请参见如下网址：

https://www.multi2sim.org/

技术支持由 Top of Trees 主办，可在以下网址中查看：

https://topoftrees.com/Multi2Sim/Multi2Sim/

Multi2Sim 是一个积极管理的开源项目，并提供了一些帮助设施和完整的错误跟踪和解决。

在撰写本文时，最新的稳定版本是 Multi2Sim 4.2。由于 Multi2Sim-HSA 正积极而持续地开发，用户应经常检查以查看发布的最新功能。因此，用户可以下载开发版本的 Multi2Sim，并通过 `m2s -help` 命令检查选项。用户可以使用命令通过 SVN 服务器检索源代码。

```
svn co
http://www.multi2sim.org/svn/multi2sim/branches/multi2sim-hsa
[local_dir]
```

若想成为一个 Multi2Sim 开发人员 / 贡献者，并获得对公共存储库的书面许可，请参阅 https://www.multi2sim.org/development/。

从存储库服务器下载代码后，可以输入新创建的目录，并使用以下命令来编译 Multi2Sim：

```
libtoolize
aclocal
autoconf
automake --add-missing
./configure
make
```

168

在配置和编译步骤期间，可能需要安装其他软件包。请按照说明安装所需的软件包。编译完成后，用户可以将系统路径设置为包含 `multi2sim-hsa/bin` 目录。如果安装了 Multi2Sim，则可以在任何目录中使用命令 `m2s`。有关在 Multi2Sim 中模拟 HSA 的更多样例，请参考 `multi2sim-hsa/sample/hsa/` 中的样例。当前版本的 Multi2Sim 在 Linux Ubuntu 14.04 LTS 上使用 GCC 和 G++ 4.8 进行测试。

9.2 HSAemu 仿真 HSA

9.2.1 引言

为了应用程序开发人员和系统架构师能利用 HSA 设计空间，需要使用完整的系统仿真器通过 HSA 运行时来执行高级语言编写的并行程序，例如 OpenCL [7]、C++ Aparapi [8] 等。在早期开发阶段，通过允许用户观察粗粒度软硬件交互，功能仿真将适用于基本调试和简单分析的目的。例如，QEMU [9] 是功能全面的系统仿真器，由 Google 和第三方在 Android 智能手机上市之前开发 Android OS 和 Android 应用程序。为了更精确的分析和性能评估，应用程序开发人员和架构师将从功能仿真器切换到更详细的周期精度或周期逼近模拟器。然而，周期精确的模拟器非常慢，需要几天才能完成运行几秒的并行应用程序。作为权衡，周期逼近模拟器在早期开发阶段和最终验证阶段之间使用，以较少的细节对系统的部分进行建模来获得性能指标。

本章介绍了一个完整的系统 HSA 仿真器 / 模拟器框架，称为 HSAemu[10]，它是根据 HSA 规范开发的，以支持 HSA 上的应用和体系结构开发。作为框架，HSAemu 使用户能够通过混合现有的功能仿真器和周期模拟器来建立全系统仿真器 / 模拟器。因此，HSAemu 可以通过 HSA 运行时执行 OpenCL 应用程序，并使用模拟 CPU 和 GPU 内核的 HSA 用户模式队列和 HSA 统一内存访问功能模型。为了获得更准确的结果，用户可以使用 GEMS [11] 或 Multi2Sim [1] 等工具为 CPU 缓存、GPU 或其他组件插入周期模拟器。

本节结构如下。9.2.2 节描述 HSAemu 模型之后的 HSA 的主要硬件 / 软件功能。9.2.3 节介绍 HSAemu 的整体体系结构设计和实现。最后，9.2.4 节讨论 HSAemu 与 HSAemu 兼容的 GPU 设备的仿真。

169

9.2.2 建模的 HSA 组件

符合 HSA 标准的全系统仿真器应能够根据目前的 HSA 规范草案 [6] 支持以下硬件 / 软件功能：

- **共享虚拟内存**：这种共享的虚拟内存模型（在早期草案中称为 hUMA）允许系统中的异构处理器通过发送指针来交换数据。hUMA 还支持松弛内存一致性模型，具有内存分页和各种一致的内存范围，可在全局、数据包和私有数据访问上实现不同规模的协作和高效实现。有关 HSA 内存模型的更多详细信息，请参阅第 5 章。与具有单独的、有限的内存空间的传统 GPGPU 计算内核不同，hUMA 使计算内核能够提前访问大型、稀疏的数据结构，而不从主机内存中复制它们。
- **硬件队列和用户模式队列**：每个 GPU 计算组件包含前面草案中称为 hQ 的硬件队列，用于接收和调度任务。与 HSA 运行时提供的用户模式排队机制结合使用，HSA 旨在缩短 CPU 和 GPU 之间的工作调度延迟和通信延迟。一个处理器可以直接将任务分配到环形缓冲区（用户模式队列）上，该缓冲区映射到连接到另一个处理器的硬件队列，而不需要调用操作系统和设备驱动程序。任务被封装为由 AQL 定义的“数据包”。读者可参考第 6 章有关 AQL 的更多细节。AQL 的结构对于应用程序是已知的，而且对于硬件也可已知的，这是一个关键的 HSA 功能，使应用程序能够通过简单地将其放在其中一个队列中，在特定代理程序中启动数据包。
- **HSA 代理和数据包处理器**：HSA API 使用类型为 `hsa_agent_t` 的不透明句柄来表示代理和内核代理。应用程序可以直接访问任何队列的数据包缓冲区，并通过简单填充核函数调度数据包格式所要求的所有字段来建立核函数调度。在接收端，称为“HSA 数据包处理器”的实体负责管理硬件队列并对 AQL 数据包进行解码。这也可以由硬件完成，并且紧密地绑定到一个或多个 HSA 代理以为 HSA 代理提供用户模式队列功能 [4]。HSAemu 中的 GPU 仿真器模拟用户模式队列，并包含一个模块来模拟数据包处理器。
- **异构系统体系结构中间语言（HSAIL）**：为了保持可移植性，HSA 定义了这个虚拟指令集，并允许处理器供应商实现自己的本地指令集和转换方案。目前 HSAIL 定义了 120 条指令，执行算术、内存、分支、图像相关、并行同步、设备功能操作和向量操作。在 HSAemu 中，我们提供一个执行 HSAIL 程序的功能仿真器。为了模拟特定的计算设备，需要一个终止器将 HSAIL 指令转换为本机指令，并使用周期模拟器来执行转换的指令流。读者可参考第 3 章有关 HSAIL 及其执行模型的更多细节。

170

- **HSA 代理和拓扑表**：HSA 代理是可以作为 AQL 查询的目标的硬件或软件组件，并且能够访问 HSA 的共享虚拟内存模型。HSA 代理可以具有许多用于计算的 ALU 单元。负责执行内核功能的 HSA 组件可以是 GPU、FPGA、DSP 或 ASIC。符合 HSA 标准的系统应该保留一个拓扑表，显示当前系统中可用的 HSA 代理及其间的连接。

该表的信息包含系统范围的拓扑关系以及相关系统资源（如内存和高速缓存）的限制，对于应用程序和系统软件来发现和表征可用的 HSA 代理是非常重要的。

9.2.3　HSAemu 的设计

本节讨论 HSAemu 的设计，HSAemu 框架旨在通过使用户模拟基本的 HSA 平台并添加自己的基于周期的仿真模型来支持 HSA 上的应用和体系结构开发。从应用程序开发人员的角度来看，仿真的 HSA 平台提供了 HSA 的基本功能，可以在几乎任何基于 Linux 的机器上执行符合 HSA 的应用程序。对于体系结构研究，HSAemu 为用户提供了插入自己的周期模拟器的界面。例如，那些有兴趣为 HSA 设计 GPU 的人可能会将详细的周期模拟器（如 Multi2Sim 提供的 GPU 模拟器）添加到 HSAemu 或收集跟踪以进行性能评估，如图 9.4 所示。

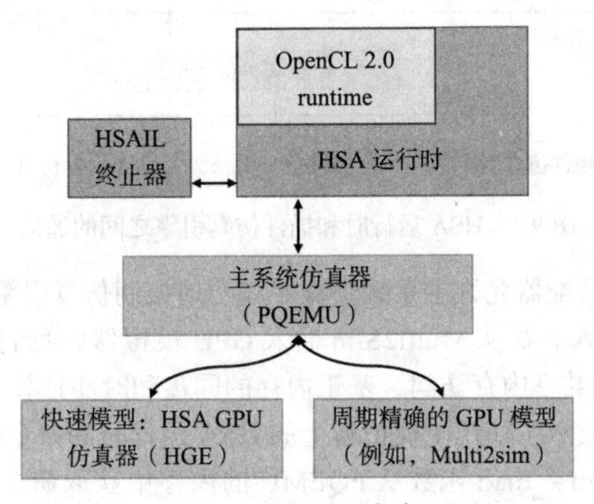

图 9.4　HSAemu 框架

如果仿真的 HSA 系统包含大量的处理器内核，则仿真器的实时性将非常慢，特别是如果仿真过程为“顺序”的情况则更慢（即仿真器由主机上的单个线程执行）。一些最近的作品开始并行化仿真器，以便仿真过程可以同时由多个线程执行，以利用多核主机。HSAemu 采用 PQEMU [12]（一种基于 QEMU 的多线程全系统仿真器）来模拟主系统，包括 CPU 内核和 I / O 设备。为加快 GPU 的仿真，HSAemu 包含一个多线程 HSA GPU 仿真器（HGE）。因此，如果主机具有许多 CPU 内核，则可以显著加速仿真过程。

在内部，HSAemu 使用主系统仿真器（即 PQEMU）的命令缓冲区来控制插件模拟器。例如，如果用户希望插入 GPU 模拟器，则主系统仿真器需要 PQEMU 和 GPU 模拟器中的代码修改来建立 HSA 代理和用户模式队列。用户可以使用命令缓冲区在 GPU 模拟器的 QEMU 之间交换信息。作为案例研究，已经从 Multi2Sim 开始采用 GPU 模拟器，并通过适配器将其插入 HSAemu。该实现需要 HSAemu 的 `thirish` 命令（操作码）与循环精确的微体系结构模拟器进行通信。该命令的格式如图 9.5 所示，其中命令中的前两个字节指定哪个仿真器 / 模拟器接收此命令，接下来的两个字节指定其执行的操作代码，其余字节是可选的操作码的参数。

图 9.5　主系统和插件模拟器之间的命令格式

如图 9.6 所示，当在主系统仿真器上执行的 HSA 运行时在其数据部分存储一些关键信息（例如，用户模式队列的指针、本机对象的大小、内核参数的大小等）时，主系统仿真器通过命令缓冲区向 HGE 或插件仿真引擎（例如，Multi2Sim）发出相应的命令。用户可以使用用于 HSA 运行时的 MMIO（内存映射的 I/O）、系统调用或软件中断将命令传送到插件仿真引擎。对于 HGE，我们使用软件中断来实现命令传递。当目标仿真引擎上的适配器接收到命令时，它将与数据段一起解码操作码，并使仿真引擎相应地执行命令。171~172

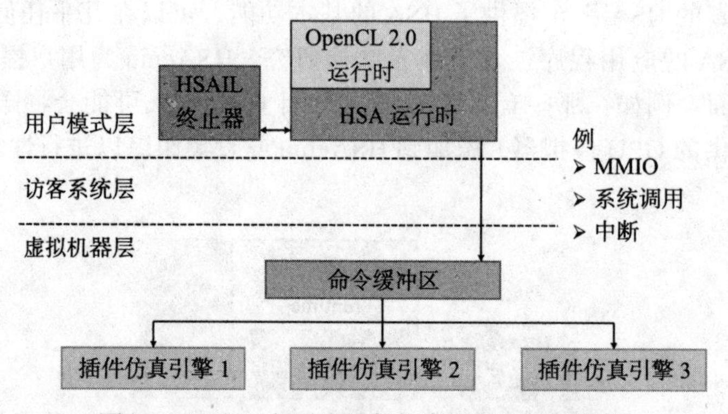

图 9.6　HSA 运行时和插件仿真引擎之间的通信

虽然命令缓冲区和适配器允许主系统仿真器成功地控制仿真引擎，但这并不意味着仿真引擎可以被未修改地插入。要从 Multi2Sim 插入 GPU 模拟器，我们需要修改其源代码以满足 HSA 规范的要求，如共享内存访问、基于内存的同步和时序计算。

例如，以下伪代码演示了使用主模拟器上的 HSA 运行时的命令缓冲区与 HSA 内核代理进行通信。`hsa_enqueue_cmd` 函数从 PQEMU 的内存中获取命令，然后根据命令的 `dev` 字段将命令转发到 HGE 或 Multi2Sim。

```
int hsa_enqueue_cmd(void *env, guest_vaddr addr)
{
hsa_copy_from_guest(&cmd, addr, sizeof(hsa_cmd_t)); //Fetch command
switch(cmd.dev) {
case HGE:
  hsa_device_hge(env, &cmd); //Send command to HGE
  break;
case Multi2Sim:
  hsa_device_m2s(env, &cmd); //Send command to Multi2Sim
  break;
}
}
```

以下是适用于 Multi2Sim 的伪代码。为了创建内核，适配器首先从内核的共享虚拟内存分配内存空间，然后调用 `texttclCreateKernel` 来生成由 Multi2Sim 建模的 ISA 的内核代码。最后，适配器需要将内核的函数指针推送到 Multi2Sim 的栈上，以便 Multi2Sim 能够执行内核代码。类似地，适配器负责为 Multi2Sim 的 OpenCL/HSA 运行时设置参数和 NDrange。173

```
int hsa_device_m2s(void *env, hsa_cmd_t *cmd)
{
switch(cmd->op) {
```

```
case Kernel_Create:
  Set_up_virtual_shared_memory_for_kernel;
  clCreateKernel;
  Push_kernel_to_Multi2Sim:
  break;
case Kernel_Set_Arg_Value:
  Set_up_value_for_the_arguments_of_the_kernel_in_Multi2Sim;
  break;
case NDrange_Initialize
  Initialize_NDrange_for_Multi2Sim;
  break;
case …
  .
  .
  .
}
}
```

9.2.4　多线程 HSA GPU 仿真器

如前一节所述，HSAemu 提供了一个快速、多线程的功能 HGE，以实现通用的 HSA 应用程序开发。目前，HGE 模型经过 AMD 定义的下一代图核心（Graphics Core Next，GCN）ISA。GCN 体系结构于 2011 年推出，并被 AMD 广泛应用于最新的 GPU 产品，包括 Kaveri 芯片（首次 HSA 实现）。

遵循 HSA 规范，HGE 为每个计算单元实现 AQL 队列、HSA 内核代理和 AQL 数据包处理器。计算单元的仿真与 POSIX 线程并行化，以在主机上的多个处理器核心上运行。每个计算单元中的线程可以经由其自身的软内存管理单元（MMU）访问共享的虚拟内存，MMU 根据 CPU 侧由 OS 维护的页表转换地址。HGS 的主要组件如图 9.7 所示，并在下面详细讨论。

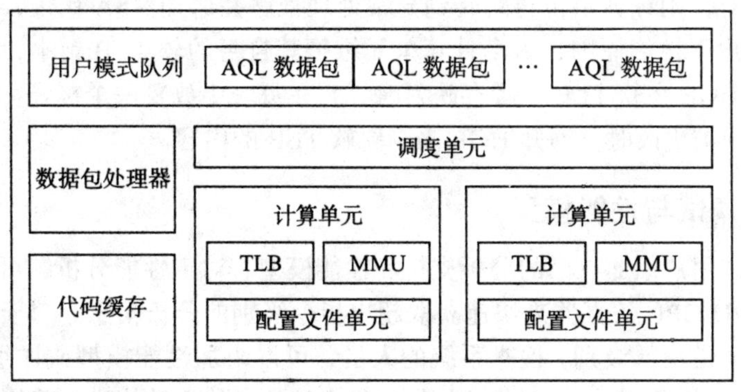

图 9.7　HSA GPU 仿真器概述

1. HSA 代理和数据包处理器

HGE 模拟 HSA 内核代理处理 HSA 信号、hQ 和 HSA 数据包处理。当 HSA 代理接收到 HSA 信号时，将 AQL 数据包从用户模式队列复制到 hQ，并唤醒 HSA 数据包处理器。HSA 数据包处理器按照 FIFO（先进先出）顺序逐个地对 hQ 中的 AQL 数据包进行解码。为了执行内核代码，HSA 数据包处理器将内核代码和内核参数复制到共享虚拟内存中，将内核代码链接到 HGE，将内核代码放入代码缓存中，并将内核作业调度到目标计算单元。

2. 代码缓存

HGE 实现代码缓存，通过节省将相同内核代码重复复制到 HGE 中所需的开销来加快执行速度。HGE 首次接收到内核代码时，HSA 数据包处理器会将代码放入代码缓存中，为内核代码生成散列密钥。之后，当再次执行相同的内核函数时，HSA 数据包处理器将使用散列密钥在代码缓存中查找内核代码，以避免复制和链接内核代码的开销。

3. HSA 内核代理和工作调度

HGE 使用一个调度单元和多个计算单元对 HSA 内核代理进行建模。调度单元负责管理由内核函数生成的工作项集中池，HSA 代理中的每个计算单元由线程执行。内核函数可以分为工作组，然后由工作组分配给调度单元。分配是动态的，即当计算机单元完成其以前的工作时，调度器将工作项分配给计算单元。线程的最大数量受主机操作系统的限制。当池中的所有工作项完成时，调度单元通知用户应用程序。

4. 计算单位

HGE 使用一个仿真线程来建模计算机单元并执行工作组指定的工作项。在多个 CPU 线程上执行工作组的点数很少，因为跨多个 CPU 线程的组屏障同步开销可能会减慢仿真。如果线程以分时方式执行工作组，则 HGE 处理组同步操作将更为有效。当工作项发生组屏障指令时，仿真线程只记录工件的状态并切换到另一个工件。如果主机提供多个处理器内核来运行 HGE，则 HGE 将配置多个计算单元。

174 ~ 175

5. 软 MMU 和软 TLB

为了支持 HSA 指定的共享虚拟内存功能，HGE 为每个计算单元以软件（软 MMU）实现 MMU，以转换仿真 GPU 的内存地址。为了加快地址转换，HGE 与现代处理器中的转换检测缓冲区（TLB）的概念类似，实现了称为软 TLB 的地址转换缓存。可以快速检索频繁和最近转换的结果，而不是遍历页面级别。如果在软 TLB 中找不到地址，则该地址由具有页表遍历器的软 MMU 处理。软 MMU 还会检查地址是否有效，并且 GPU 是否具有访问地址的权限。如果没有，则计算单位将跳转到异常处理程序并通知 HSA 代理，这通常导致当前内核执行中断。出于性能原因，每个计算单元维护其自身的软 TLB 副本，这会引起一致性问题。因此，当 HGE 在软 TLB 中缓存映射时，它在页表中放置一个标记。每当任何高速缓存的转换在页表中被更改时，通知 HGE 来刷新软 TLB 的内容。

9.2.5　剖析、调试与性能模型

HSAemu 允许用户添加自己的分析支持和性能模型。对于性能分析，可以使用 HSAemu 中包含的高速 CPU/GPU 仿真器来快速获取超出指令级别的分析信息。对于那些希望在微体系结构层面（甚至是较低级别）检查系统的人员，可以附加性能模型或详细的循环模拟器。例如，可以从 HGE 切换到 Multi2Sim 以对 GPU 内核的微体系结构进行建模。

如图 9.7 所示，HGE 中的“配置文件单元”允许用户对执行的 HSAIL 指令进行配置。该分析工具的仪器由 HSAIL 终止器实现。HSIM 终止器在代码生成工作期间分析每个代码块的 HSAIL 指令，并在代码块的底部插入函数调用，以便在代码块完成时存放配置文件数据。例如，基于指令组合，可以使用该信息粗略估计内核函数是计算限制还是内存限制。此外，HGE 中的软 MMU 和软 TLB 例程也用于提供有关内存访问的统计信息。例如，同步指令（屏障和原子指令）、TLB 未命中、页面故障等可能对应用程序性能产生重大影响；HGE

的统计数据可以提供有用的指示，而不要求缓慢的详细模拟，如图 9.8 所示。

```
== NTHU HSAemu profile info ==
        number of compute unit = 1
        execution time = 0.143519
        total time = 0.307985
HSA profile counter info:
        total instruction      = 23203840
        barrier instruction    = 8192
        atomic instruction     = 0
        special function unit  = 1048576
        global store           = 8192
        global load            = 24576
        group store            = 16384
        group load             = 4194304
        tlb miss               = 80
        page fault             = 0
        computation/communication ratio = 0.817123
```

图 9.8　HGE 报告的配置文件数据

此外，通过更多的仪器仪表，HGE 可以支持 HSAIL 级别的应用调试。例如，HGE 可以显示 HSAIL 寄存器的值，并记录在运行时包含的屏障同步操作的事件跟踪。可以进一步分析这些信息，以确定 HSAIL 终止器中潜在的错误或可能的竞争条件。

对于全系统的性能分析，HSAemu 的用户可以利用分析基础体系结构 MCEmu[13]。由于 HSAemu 和 MCEmu 中的主系统（CPU）仿真器都基于 QEMU，因此我们成功地将 MCEmu 的“虚拟性能分析监控单元”（VPMU）和“虚拟时序模型”（VTD）以及开源高速缓存模拟器（例如 GEMS）植入 HSAemu。所得到的分析基础设施为组件模拟器提供了统一的设施，用于寄存性能数据，并为用户实现自己的系统时钟时序模型，这对于早期体系结构研究很有用。

9.3 softHSA 模拟器

9.3.1 引言

softHSA 模拟器旨在在 HSA-API 级别提供高性能，准确调试整个 HSA 启用程序的仿真。该模拟不提供性能建模。因此，softHSA 模拟器最适合于编译器跟踪 HSAIL 代码生成错误，以及可能需要丰富的低级别调试接口的其他 HSA 用户⊖。

176～177

9.3.2 高层次设计

与仅在 HSAIL 级别运行的其他模拟器不同，softHSA 模拟器旨在成为 HSA 设备的替代品，包括运行时。因此，模拟器直接读取 BRIG 文件。理想情况下，模拟器应该重新使用一个用于读取和验证 BRIG 的库，但是在开发模拟器时这些库不可用。模拟器将内存中的 BRIG 文件布局复制，就像文件被映射一样。一系列帮助类促进更高级别的分析，并防止对底层 BRIG 格式的更改。

模拟器分析 BRIG 代码并创建复制全局数据结构、函数和函数控制流程的 LLVM IR。该模拟器还将所有可用的 HSA 调试信息导入 LLVM IR。保存调试信息对于提供源级调试至

⊖ 模拟器是与规范同时开发的，但并没有保持最新；因此，所支持的 HSAIL、BRIG 和 HSA API 的版本并不反映最终的标准。希望这个问题将在模拟器的未来版本中得到解决。在此之前，这些缺陷将需要来自有动机的最终用户的一些改变。

关重要。单个指令未转换为等效的 LLVM IR。相反，每个指令被转换为对实现 HSAIL 指令的特定功能的调用。

作为函数而不是通过直接转换实现指令，大大简化了从 BRIG 到 LLVM 的转换过程，并允许每个指令独立测试。转换器还生成用于读取和修改寄存器以及处理各种 HSAIL 寻址模式的代码。模拟器不保持从 HSAIL 指令到模拟器功能的集中映射。相反，模拟器会调整指令的名称并键入信息以生成函数的名称。如果缺少实现特定指令的功能，则当模拟器尝试执行缺少的功能时可以在运行时动态失败。

潜在的是，可以通过将所有的指令模拟功能编译到 LLVM IR，并对它们进行内联来避免调用函数实现每个指令的开销。内联这些功能将大大提高 LLVM 优化模拟器代码的能力。例如，在许多情况下，LLVM 可以通过物理寄存器中栈分配的数据结构来推广模拟的 HSA 寄存器。我们相信修改模拟器以内联执行指令的功能将是相对简单的，并且可能会在未来的模拟器版本中出现。

为了执行 LLVM IR，模拟器使用 LLVM 的 JIT 功能。模拟器将使用 JIT 在终止化时编译整个模块。因此，当模拟器执行 HSA 内核时，实际上不会发生模拟或仿真。内核已经被即时编译了，所以它就在本地执行。LLVM 的 JIT 的一大优点就在于它将从 LLVM 调试信息中动态生成 DWARF 调试信息。GDB 调试器可以加载动态生成的 DWARF 信息，并使用它来启用源级调试。调试信息的流程从高级语言流向 HSAIL 到 LLVM 到 DWARF 到 GDB。因此，GDB 可以从符号名映射到适当的内存地址或 ISA 寄存器。由于模拟器代码是具有符号调试信息的本机代码，因此 GDB 提供了全功能的调试体验，包括打破特定的代码行、修改变量和打印调用跟踪。

178

9.3.3　创建与测试模拟器

最新版本的 softHSA 模拟器可在以下网址直载：https://github.com/HSAFoundation/HSAIL-Instruction-Set-Simulator。在 README 文件中提供了有关构建模拟器的说明，但通常，该项目使用标准的 CMAKE 风格的构建系统。该模拟器已经在各种平台上进行了测试，包括 i386、x86-64、CentOS、Ubuntu、gcc 和 clang 的大量排列。如果你在选择的平台上遇到麻烦，欢迎报告错误以及提出错误修复的请求。

建立模拟器后，请花时间尝试模拟器的各种测试。构建 HSA 模拟器将产生 9 个测试用例。两个最重要的测试是 `brig_reader_test` 和 `brig_runtime_test`。两者均基于 Google Test[14]。`brig_runtime_test` 测试输入的各种指令。`brig_runtime_test` 包含几个长期运行的测试用例，默认情况下禁用。取决于主机，这些测试可能需要几个小时和几天的时间。要启用这些测试，请使用 `-gtest_filter = *` 选项运行 `brig_runtime_test`。`brig_reader_test` 在完整的 HSA 模拟的上下文中测试指令和内核。如果 `brig_reader_test` 和 `brig_runtime_test` 都通过测试，模拟器可能正常工作。剩下的测试比较特殊，如下所述。

- `barrierTest` 测试屏障指令。
- `brig_reader_test` 测试 HSAIL 汇编器和模拟器之间的互操作性。从 HSAIL 开始，`brig_reader_test` 将程序组装到 BRIG，然后模拟各种测试输入的程序，以确保语义一致性。
- `brig_runtime_test` 根据使用自动测试向量生成的 HSA PRM 来验证每个指令是

否已被实现。

- **debug** 测试 HSA 运行时调试接口。
- **fcos** 是一个独立的应用程序，它将半角 **pi** 间隔的角度 **cos-pi** 弧度报告给 **pi** 弧度。由于舍入误差，**pi** / 2 的余弦可能被报告为非常小的负数而不是零，因为 **pi** / 2 不能精确地表示为浮点数。
- **fib** 是基于 HSA PRM 中的示例的递归斐波那契实现。该程序演示了参数变量和递归的正确范围。
- **hsa_runtime_test** 测试 HSA 运行时 API 的实现。
- **vectorCopy** 使用 HSA 模拟器执行向量复制。

模拟器是根据不公开的各种 HSA 规范构建的。因此，模拟器的 API 目前不符合 HSA 运行时 API。与往常一样，补丁是受欢迎的，但在这个缺陷得到纠正之前，程序员可以在模拟器的演示目录中查看示例，了解如何使用草案 API。 179

9.3.4 使用 LLVM HSA 模拟器进行调试

GDB 调试界面可能是 softHSA 模拟器最有用的功能。调试会话可以简单地通过使用 **gdb** 来运行根据模拟器的 HSA API 实现构建的 HSA 二进制。模拟器的基于 GDB 的调试接口支持打印和修改局部变量、寄存器和参数。以下是使用模拟器附带的 **fib** 程序的调试会话示例：

```
1 $ gdb ./fib**
2 Reading symbols from fib … done.
3 (gdb) break fib
4 Function “fib” not defined.
5 Make breakpoint pending on future shared library load? (y or [n]) y
6 Breakpoint 1 (fib) pending.
7 (gdb) run
8 Starting program: ./fib
9 [Thread debugging using libthread_db enabled]
10 Using host libthread_db library “/lib/x86_64-linux-gnu/
   libthread_db.so.1”.
11 Fib sequence: [New Thread 0x7ffff6bb9700 (LWP 1752)]
12 [Switching to Thread 0x7ffff6bb9700 (LWP 1752)]
13
14 Breakpoint 1, fib (n = @0x7ffff6bb8810: 1, r = @0x7ffff6bb8814: 0)
15     at test/fib. hsail : 13
16 13         ld_arg_s32 $s1, [%n];
17 (gdb) p n # Print an argument
18 $1 = (s32 &) @0x7ffff6bb8810: 1
19 (gdb) p hsa$s1 # Print a register
20 $2 = {b32 = 0, f32 = 0}
21 (gdb) n # Single step an HSA Instruction
22 14         cmp_lt_b1_s32 $c1, $s1, 3; // if n < 3 go to return
23 (gdb) p hsa$s1
24 $3 = {b32 = 1, f32 = 1.40129846e-45}
25 (gdb) n # Single step an HSA Instruction
26 15         cbr $c1, @return;
27 (gdb) p hsa$c1 # Print an HSA register
28 $4 = true
29 (gdb) p hsa$c1 = 0 # Modify an HSA register
```

```
30 $5 = false
31 (gdb) p hsa$s1 = 4 # Modify an HSA register
32 $6 = {b32 = 4, f32 = 5.60519386e-45}
33 (gdb) p n = 4 # Modify a parameter
34 $7 = 4
35 (gdb) c # Continue until the next break point
36 Continuing.
37
38 Breakpoint 1, fib (r = @0x7ffff6bb81f4 : 0, n = @0x7ffff6bb81f8 : 2)
39     at test/fib.gsail : 13
40 13          ld_arg_s32 $s1, [%n];
41 (gdb) bt # Print a stack trace
42 #0 fib (r=@0x7ffff6bb81f4 : 0, n = @0x7ffff6bb81f8: 2) at test/fib.
   hsail : 13
43 #1 0x00007ffff7ff60cb in fib (r = @0x7ffff6bb882c: 0,
   n = @0x7ffff6bb8828: 4)
44     at test/fib.hsail: 23
45 #2 0x00007ffff7ff620f in
46     fibKernel (r_ptr=@0x1dc5500: 31571312, n_ptr=@0x1dc5508 : 1)
47     at test/fib.hsail : 51
48 #3 0x00007ffff7ff62c1 in kernel.fibkernel ()
49 #4 0x000000000084aee4 in hsa : : brig : : workItemLoop (vargs =
   0x1def7c0)
50     at src/brig2llvm/brig_engine.cc : 256
51 #5 0x00007ffff79c0f6e in start_thread (arg=0x7ffff6bb9700)
52     at pthread_create. c:311
53 #6 0x00007ffff6cb49cd in clone ()
54     at ../sysdeps/unix/sysv/linux/x86_64/clone.S:113
55 (gdb) p/x b8Value # Print an HSA global variable
56 $8 = 0x31
57 (gdb) p/x b16Value # Print an HSA global variable
58 $9 = 0x3141
59 (gdb) p/x b32Value # Print an HSA global variable
60 $10 = 0x31415926
61 (gdb) p/x b64Value # Print an HSA global variable
62 $11 = 0x3141592653589793
63 (gdb) p p = 7 # Modify an HSA local variable
64 $12 = 7
65 (gdb) p b32Value = 13 # Modify an HSA global variable
66 $13 = 13
```

用户启动调试会话后，在 **fib** 函数上放置一个断点（第3行）。**fib** 函数是一个 HSA 函数，但 GDB 无法定位此函数，因为相关代码尚未完成。使用挂起的断点（第5行）将导致 GDB 在代码完成后插入相关的硬件断点。在用户启动程序（第7行）后，当首次执行 **fib** 函数时,GDB 会中断，并打印与原始 HSAIL 源代码相关的行和源代码信息（第14～16行）。HSAIL 指令和源代码之间的映射由汇编器创建，并由模拟器读取的 BRIG 二进制编码。映射不依赖于被映射的语言的具体语义，所以使用适当的调试信息生成 BRIG 的任何编译器将在模拟器中启用源代码行调试。

用户通过名称（第17～18行）以及寄存器（第19～20行）打印局部变量的值来继续调试会话。在内部，由于 HSA 寄存器值在函数输入时未定义，模拟器将 HSA 寄存器表示为局部变量。模拟器必须为每个 HSA 寄存器提供一个与原始程序中任何可能的符号名称不同的唯一名称；名为 s1 的局部变量与相应的 HSAIL 寄存器之间的冲突将对用户造成混淆。为了避免这种混淆，模拟器将为每个注册表名称前缀 hsa $。HSA 寄存器无类型，可用作整数或浮点值。模拟器将这些寄存器的类型报告为联合，因此 $s 寄存器是 uint32_t 和 float 的并集；一个 $d 寄存器是一个 uint64_t 和一个 double 的联合。

用户通过单个 HSAIL 指令（第 21 行）推进程序，并打印 s1 寄存器的值（第 23 行）。由于刚刚执行的加载指令最后打印（第 19 行），寄存器的值已经改变了。用另一个步骤（第 25 行）推进程序，用户检查最近修改的预测寄存器 c1 的值（第 27 ～ 28 行）。用户将寄存器 c1 的值从 true 修改为 false（第 29 行），寄存器 s1 的值从 1 改为 4（第 31 行），形式参数 n 的值从 1 改为 4（第 33 行）。最后，用户继续执行直到达到下一个断点（第 35 行）。

在下一个断点处，用户打印一个回溯（第 41 行）。打印回溯显示了 fib 和 fibkernel HSA 函数和内核在栈上以及模拟器内部的几个函数。用户打印全局 HSAIL 类型 b8（第 55 ～ 56 行）、b16（第 57 ～ 58 行）、b32（第 59 ～ 60 行）和 b64（第 61 ～ 62 行）的全局值。请注意，模拟器正确地反映了这些函数的类型以及它们的参数值。最后，用户修改并打印局部变量（第 63 ～ 64 行）和全局变量（第 65 ～ 66 行）。

演示的功能、设置断点、检查回溯、控制执行以及修改和打印变量和寄存器是生产调试环境的基础。对于尝试调试高级语言到 HSAIL 的编译器编写者，这个功能将会特别方便。

参考文献

[1] R. Ubal, B. Jang, P. Mistry, D. Schaa, D. Kaeli, Multi2Sim: a simulation framework for CPU-GPU computing, in: Proc. of the 21st International Conference on Parallel Architectures and Compilation Techniques, 2012.

[2] HSA Foundation, HSA Programmers Reference Manual: HSAIL Virtual ISA and Programming Model, Compiler Writers Guide, and Object Format (BRIG), 2014. provisonal 1.0 edition.

[3] HSA Foundation. HSAIL-Tools. https://github.com/HSAFoundation/HSAIL-Tools, 2015.

[4] HSA Foundation, HSA Runtime Programmers Reference Manual, 2014. provisonal 1.0 edition.

[5] HSA Foundation. Okra Interface to HSA Devices. https://github.com/HSAFoundation/Okra-Interface-to-HSA-Device, 2015.

[6] HSA Foundation, HSA Platform System Architecture Specification, 2014. provisional 1.0 edition.

[7] J.E. Stone, D. Gohara, G. Shi, Opencl: a parallel programming standard for heterogeneous computing systems, IEEE Des. Test 12 (3) (2010) 66–73.

[8] Open Source Project. Aparapi – API for Data Parallel Java. Allows Suitable Code to be Executed on GPU via OpenCL. https://code.google.com/p/aparapi/, 2015.

[9] F. Bellard, Qemu, a fast and portable dynamic translator, in: Proceedings of the Annual Conference on USENIX Annual Technical Conference, ATEC '05, USENIX Association, Berkeley, CA, USA, 2005, pp. 41.

[10] J.-H. Ding, W.-C. Hsu, B.-C. Jeng, S.-H. Hung, Y.-C. Chung, Hsaemu: a full system emulator for hsa platforms, in: Proceedings of the 2014 International Conference on Hardware/Software Codesign and System Synthesis, CODES '14, ACM, New York, NY, USA, 2014, pp. 26:1–26:10.

[11] N. Binkert, B. Beckmann, G. Black, S.K. Reinhardt, A. Saidi, A. Basu, J. Hestness, D.R. Hower, T. Krishna, S. Sardashti, R. Sen, K. Sewell, M. Shoaib, N. Vaish, M.D. Hill, D.A. Wood, The gem5 simulator, SIGARCH Comput. Archit. News 39 (2) (2011) 1–7.

182

[12] J.-H. Ding, P.-C. Chang, W.-C. Hsu, Y.-C. Chung, Pqemu: a parallel system emulator based on qemu, in: Proceedings of the 2011 IEEE 17th International Conference on Parallel and Distributed Systems, ICPADS '11, IEEE Computer Society, Washington, DC, USA, 2011, pp. 276–283.

[13] C.-H. Tu, S.-H. Hung, T.-C. Tsai, Mcemu: a framework for software development and performance analysis of multicore systems, ACM Trans. Des. Autom. Electron. Syst. 17 (4) (2012) 36:1–36:25.

183 ~ 184

[14] Google. Google Test. https://code.google.com/p/googletest/, 2008.

索　引

索引中的页码为英文原书页码，与书中页边标注的页码一致。

注：页码后跟 b 表示框，f 表示图，t 表示表格

D

计算机科学丛书
Pearson
原书第3版
深入理解计算机系统
Computer Systems
COMPUTER SYSTEMS
BRYANT • O'HALLARON

推荐阅读

片上网络原理与设计

王志英 主编 马胜 黄立波 赖明澈 石伟 王鹏 著

定价：99.00元 书号：978-7-111-55516-2

国防科技大学王志英教授领衔撰写，全景呈现其科研团队国际领先的研究方法和研究成果！

面对众核处理器时代的新挑战，片上网络将报文交换思想引入芯片内部，这已成为事实上的片上通信标准，并且直接决定着未来计算机体系结构的发展方向。本书基于以通信为核心的跨层次优化方法，涵盖大量有趣的课题，既阐明了片上网络的基本原理，也为解决当下的设计难题带来了启示。

本书特色

- 自底向上。全面且深刻地探索片上网络设计空间，从底层路由器、缓存和拓扑结构的实现，到网络层路由算法和流控机制的设计，再到片上网络与高层并行编程模式的协同优化。
- 前沿创新。针对业界的性能瓶颈，讨论了多项创新性技术思想，如无死锁路由算法和无死锁流控机制等，实验数据详实，切实提高了众核处理器的通信层性能，并降低了硬件开销。
- 引领方向。如何设计电源门控以降低静态功耗？如何提高CPU和GPU异构结构的效率？如何面向事务存储编程模式定制片上网络结构？这些追问或将展开体系结构设计的新维度。

推荐阅读

可定制计算

书号：978-7-111-60094-7 作者：丛京生（Jason Cong）等 定价：49.00元

随着半导体工艺不断逼近物理极限，摩尔定律尽头的计算科学路在何方?

产业界和学术界都在积极寻找超越并行技术的突破性解决方案，以期不断提升芯片效能。研究表明，调整处理器结构以使其适配于某一特定应用领域的可定制计算技术将会带来新的契机。

作者丛京生（Jason Cong）教授及其团队是该领域的顶尖学者，全书紧跟新近研究动态，主要内容包括处理器核的定制、松耦合计算引擎、片上存储器定制和互连定制等，不仅涵盖对核心技术的探讨，还分析了一些成功的设计案例，为计算机体系结构研究人员提供了迎接未来挑战的有益参考。

作者简介

本书由知名计算机科学家丛京生教授及其科研团队共同撰写。丛教授是IEEE和ACM会士，现为加州大学洛杉矶分校（UCLA）计算机科学系校长讲席教授，并担任专用领域计算中心（CDSC）主任，超大规模集成电路技术（VAST）实验室主任，以及北京大学高能效计算与应用中心主任。